白云鄂博尾矿催化
半焦脱硝的作用机理

龚志军　李保卫　武文斐　著

北　京

冶金工业出版社

2021

内 容 提 要

本书以白云鄂博尾矿为对象,分析其对半焦脱硝的催化性能和作用机理。根据白云鄂博尾矿的矿物组成和工艺矿物学分析,将白云鄂博尾矿的矿相分为单体解离矿相和连生体矿相两类;分别研究单体解离矿相中的赤铁矿和氟碳铈矿的催化脱硝作用,以及赤铁矿-氟碳铈矿连生体矿相的催化脱硝作用;通过建立的物理模型分别研究氟碳铈矿模型的 Ce-Fe 协同催化作用,以及连生体模型的 CeO_2-Fe_2O_3 联合催化作用。

本书可供催化应用、矿物材料、能源与环境等领域科技人员及高等院校相关专业师生阅读和参考。

图书在版编目(CIP)数据

白云鄂博尾矿催化半焦脱硝的作用机理/龚志军,李保卫,武文斐著. —北京:冶金工业出版社,2021.1

ISBN 978-7-5024-8688-4

Ⅰ.①白… Ⅱ.①龚… ②李… ③武… Ⅲ.①白云鄂博矿区—尾矿处理—脱硝—研究 Ⅳ.①TD926.4

中国版本图书馆 CIP 数据核字(2021)第 021583 号

出 版 人　苏长永
地　　址　北京市东城区嵩祝院北巷 39 号　邮编　100009　电话　(010)64027926
网　　址　www.cnmip.com.cn　电子信箱　yjcbs@cnmip.com.cn
责任编辑　杨盈园　耿亦直　美术编辑　彭子赫　版式设计　禹　蕊
责任校对　李　娜　责任印制　李玉山
ISBN 978-7-5024-8688-4
冶金工业出版社出版发行;各地新华书店经销;三河市双峰印刷装订有限公司印刷
2021 年 1 月第 1 版,2021 年 1 月第 1 次印刷
169mm×239mm;8 印张;153 千字;117 页
44.00 元
冶金工业出版社　投稿电话　(010)64027932　投稿信箱　tougao@cnmip.com.cn
冶金工业出版社营销中心　电话　(010)64044283　传真　(010)64027893
冶金工业出版社天猫旗舰店　yjgycbs.tmall.com
(本书如有印装质量问题,本社营销中心负责退换)

前　言

　　我国以燃煤为主的能源结构所造成的环境污染是制约火电工业发展的一个重要因素，其中氮氧化物（NO_x）是继粉尘和硫氧化物（SO_x）之后燃煤电站环保治理的重点。在催化脱硝的研究中，目前已经开发出了许多种用于催化还原 NO 反应的催化剂，如过渡金属氧化物和稀土金属氧化物催化剂，但是所使用的催化剂大多数都是通过人工合成制备的。虽然脱硝效果显著，但是如果作为工业应用还有很大的不足，主要体现在催化剂原料昂贵，制作过程复杂等问题。白云鄂博尾矿中含有常见脱硝催化剂所需的过渡金属和稀土金属等活性成分，很可能直接被作为脱硝用催化剂，然而这种天然矿物的脱硝性能及机理从未有人研究过。本书通过对白云鄂博稀土尾矿催化脱硝作用的研究，以实现稀土尾矿高值化利用。本书研究成果为稀土尾矿催化领域的应用和发展前景提供了理论依据。

　　本书第 1 章介绍了矿物质催化半焦还原脱硝的研究进展，并对白云鄂博稀土尾矿催化脱硝的可行性进行了分析。第 2 章介绍了实验系统与研究方法。第 3 章开展了稀土尾矿矿物工艺学分析。第 4 章、第 5 章分别对半焦直接脱硝以及稀土尾矿催化半焦脱硝进行研究。第 6 章~第 8 章分别对稀土尾矿催化还原 NO 的性能以及稀土尾矿中单体矿相和连生体矿相的催化作用进行研究。第 9 章对稀土尾矿进行了结构表征与分析，对稀土尾矿催化脱硝还原机理进行了分析。

　　本书由龚志军副教授编写，武文斐教授、李保卫教授对全书进行修改、定稿。王建、徐国栋等硕士研究生进行了校稿工作。

　　由于作者水平有限，书中不妥之处，敬请广大读者批评指正。

作　者

2020 年 7 月

目 录

1 绪 论

1.1 研究背景及意义

随着我国经济的持续发展，大气污染物的排放量也持续增加，其中氮氧化物已成为需要主要控制的污染物之一[1]。目前，针对不同燃烧过程，NO_x 减排的方法有很多，如燃烧分级、烟气再循环、使用低 NO_x 燃烧器、以 NH_3 碳氢化合物为还原剂的 SCR 脱硝方法等，其中 SCR 因其技术成熟、脱硝效率高等优势成为国际上应用最广泛的烟气脱硝技术[2,3]。然而对于 SCR 法，催化剂失效、NH_3 逃逸、运行维护成本高等缺陷仍然存在。因此亟需开发一种脱硝效率高且成本较低的脱硝方法。研究表明，含碳类物质可在 O_2 存在时还原 NO_x。半焦直接还原脱硝技术因其成本低、来源广、无毒、易制备及易处理的特点，极其适合作为 NO 脱除的还原剂。大量的实验研究表明：在合适的实验条件下，半焦可以将烟气中的 NO 大部分脱除。

为了进一步提高 NO 还原率，催化活性金属的影响应加以考虑和应用。在催化脱硝研究中，众多学者在脱硝过程中所使用的催化剂大多数都是通过人工合成的，虽然脱硝效果显著，但是如果作为工业应用还有很大的不足，主要体现在催化剂原料昂贵，制作过程复杂以及失效后难以处理等问题。因此，也有学者利用天然矿物或冶金废渣等作为催化剂，同样取得了良好的脱硝效果。白云鄂博矿是一个多元素多矿物的共生矿，含有丰富的铁、稀土、铌和萤石等资源为世界罕见，白云鄂博共生矿中有回收价值的主要组分有磁铁矿、赤铁矿、萤石、稀土矿物以及少量的铌矿物。由于选矿技术的原因，近五十年来只回收了大部分铁和少量稀土，剩下的资源全部作为尾矿堆存在尾矿坝。白云鄂博尾矿中各种矿物常共生在一起，紧密共生、互相穿插、互相包裹，形成难以解离的共生体结构关系。白云鄂博尾矿中的氧化铁和稀土氧化物对半焦脱硝起到协同催化作用，是天然的矿物催化材料，研究开发白云鄂博稀土尾矿催化还原脱除 NO_x 的性能和机理具有很大的应用前景。尾矿资源再利用使其成为二次资源，可以减少尾矿坝建费及维护费，保护环境减少污染，实现社会的可持续发展，具有重大的社会效益。

1.2 现有脱硝技术概述

现有的 NO_x 去除技术可分为三类。分别是燃料控制技术即利用可燃物脱出氮

（在可燃物着火前就将可燃物中的氮脱除掉）；控制燃烧过程中产生的氮氧化物（低氮燃烧技术）；烟气脱氮净化技术即将废气中的氮氧化物催化转化为无害气体或者吸收。

燃料控制技术是在燃料进入炉膛燃烧前，把燃煤中的氮脱除掉，也称为可燃物脱氮技术，这种方法的技术手段就是使用一种洗选燃料对煤炭进行燃烧前脱氮处理，将燃料转化为低氮燃料，因为成本太高，工程应用较少。燃烧过程脱氮主要指各种降低 NO_x 的燃烧技术，操作费用较低，但是脱硝率不高不能满足当前的环境质量要求。烟气脱氮主要是烟气脱硝，且脱除效率高，随着环境质量要求的日益严格，高效率的烟气脱硝技术将是今后主要的发展方向[4~6]。

通常人们在降低氮氧化物的生成量时会根据氮氧化物在燃烧过程中的生成原理采用下面的几种方法：首先增加可燃物的燃烧量或增加燃烧时间可减少氮氧化物的生成，与此同时在燃烧过程中往炉内投入还原性燃料与氮氧化物也可减少氮氧化物的排放。在电厂排放的烟气中，燃煤的种类、过量空气系数、一次风比率都是影响 NO_x 生成的主要因素。因此，为了实现低 NO_x 燃烧可以改良燃烧方式来改变燃烧过程参数[7,8]。通过改变燃烧器的风煤系数，实现空气分级、燃料分级以及烟气再循环；低 NO_x 燃烧器可以使着火区氧气的浓度和着火区温度降低，这种方式可有效地降低 NO_x 的生成。而且通过燃烧技术和机理来看，低 NO_x 燃烧器技术主要分为燃料分级燃烧、空气分级燃烧和烟气再循环三大类[9]。

在大多数火电厂或其他领域的烟气脱硝多采用燃烧后处理的方式，这种脱硝方法是普遍认为的合理高效的烟气脱硝方法。其主要有湿法烟气脱硝和干法烟气脱硝两种，干法烟气脱硝技术使用催化剂和氨气作为还原剂，把烟气中的 NO_x 还原为氮气和水，分为选择性催化还原技术（SCR）和选择性非催化还原技术（SNCR）两种方式。SCR 方法因其技术成熟、脱硝效率高，得到了广泛应用。在一些环境要求高的发达国家，安装 SCR 脱硝装置已经成为新建机组及部分改造老机组的基本规定[10]。

在这些 NO_x 控制技术中，燃料脱硝技术和湿法烟气脱硝技术成本很高，所以极少使用。虽然，干法烟气脱硝多用在现有的工厂中，但是氨气作为还原剂有一定毒性，且对管线设备有腐蚀性，使用成本高，对设备材质要求较高，而且氨容易气化逃逸，不易储存和运输。

1.3　半焦还原脱硝技术的研究进展

目前已经开发和应用了许多技术来减少各种燃烧源排放的 NO 废气[11~16]。除了燃烧改造，如空气/燃料分级、烟气再循环及使用低 NO_x 燃烧器之外，氨、尿素、CH_4 气体等还原剂的利用是另一种 NO 还原的方法。碳被认为是一种适用于 NO 还原的还原剂，因为其成本低，无毒，且易于制备和处理。研究表明，在适当的条件下采用碳材料作为还原剂几乎可以实现 NO 零排放[17]。碳直接还原脱硝技术利用碳作为还原剂，还原烟气中的 NO_x，反应原理如式（1-1）和式（1-2）所示。该技术通常使用半焦作为原料，成本低廉，半焦颗粒比表面积大，能提供充足的反应面积，而且所需装置结构简单，容易操作。

$$C + 2NO \longrightarrow CO_2 + N_2 \tag{1-1}$$

$$2C + 2NO \longrightarrow 2CO + N_2 \tag{1-2}$$

在 NO-C 反应中温度和表面化学具有重要的影响。广泛的研究已经阐明了 NO-C 之间异相相互作用机理（物理吸附、化学吸附和气化）。人们普遍同意 NO-C 气化反应发生在 250℃ 以上的高温下，低于该温度时以吸附为主[18]。不同的反应阶段是不独立的，NO 化学吸附影响 NO-C 气化。在这个过程中，通常在燃烧烟气有 1%~5% 氧气的情况下，碳在 300~700℃ 温度范围内可以还原 NO[19~24]。与 NO-C 的反应平行发生碳和氧的氧化反应，碳和氧的反应速率比 NO-C 反应要高得多，通过氧气可以消耗大量的碳，这就增加了使用成本。因此，这种技术的应用主要的挑战在于如何在竞争反应中通过增加 C-NO 的选择性来降低碳消耗的成本。

人们认识到 C(O) 配合物在 NO 吸附过程和自由碳位的形成中是有效的。Xia B 等人[25]报道了 C(O) 配合物在低温下对化学吸附步长和高温下 C-NO 气化反应的影响，从而在 NO 脱除中发挥重要作用。靠近 C(O) 配合物的碳位点活性比普通碳点的反应性较高。O_2 的存在有助于补充炭表面的 C(O) 配合物并生成新的活位点。Yamashita 等人[26]进一步辨别表面 C(O) 配合物为活性稳定配合物，说明活性 C(O) 配合物易与 NO 反应。另一方面，Yang 等人[27]观察到热稳定的 C(O) 配合物是更重要的。不同观点的根本原因是 C-NO 反应的机理还没有很好理解。

Wenxia Yan 等人[28]在实验室规模的固定床反应器中，采用模拟烟气对 11 种半焦进行了 NO 还原研究。利用 XPS 对炭表面不同碳氧配合物的分布进行了统计，区分它们在氧存在下 NO 与 C 反应中的作用。利用 BET 和 TEM 表征了这些煤的组织和结构性质。结果表明：与 $R_2C = O$ 和 $O—C = O$ 相比，相对稳定的 C—O 官能团在其中起着重要的作用。碳表面 C—O 官能团的富集可增强 NO 的还原能力同时控制 CO 生成。为了验证这一点，对活性炭和 H_2O_2 改性活性炭进行了研究。提出了两种不同的反应机制，即表面碳氧配合物参与反应和直接断开的未占据表面，来解释检测样品所展示的不同性能。这项研究背后的动机是阐明在氧的存在下 C(O) 配合物对 C-NO 反应选择性表面效应的影响。

半焦是一种廉价的工业原料，其很高的碳含量可以作为 CO 生产的来源。半焦中的碳也可用作 NO 的还原剂[29~38]。一般炉内煤炭再燃和燃烧的温度高达 1000℃，可以观测到对于 NO+半焦在高温反应的氧强化效果。密度泛函理论（DFT）计算是为了确定在氧存在下的 NO 消耗机理，对反应机制进行了广泛的理论计算[39,40]。结果表明：一定量的 NO 以 C(N) 的形式被固定在碳质基体中。CO 解吸、NO 固定、CO 垂直化学吸附、氧运移和二氧化碳解吸都会产生 C(N)。也有一些关于在中等温度（400~700℃）条件下 NO+半焦反应的研究报道，对温度、氧和表面络合物的影响进行了广泛的研究[41~43]。Fang 等人[44]采用程序升温和常温两种方法对半焦还原 NO 进行了研究，探讨温度、煤的类型、NO 与氧的浓度及空间速度对 NO 去除率和选择性的影响。结果表明，在碳活性位点上 NO 和 O_2 的化学吸附形成的表面络合物在 C-NO 和 C-O_2 反应中起关键性作用。增加烟道内的温度和氧气浓度气体能增大 NO 还原率，然而 C-NO 选择性随 O_2 浓度的增加而降低。烟气中 NO 浓度增高可使 NO 还原率降低，而 C-NO 选择性提高。

为了研究烟气对 NO-C 相互作用的影响，Song 等人[45]发现在 1000~1500℃时，NO-C 相互作用与 NO 浓度呈一阶关系。Xu 等人[46]表示 O_2 显著促进了 NO 的还原。Himanshu 等人[47]在报道中发现 NO 的最快还原在氧气浓度约为 1%时发生。Zhao 等人[48]也报道了低浓度 O_2 可提升 NO 还原率。Pevida 等人[49]研究表明，CO 对 Ar/N_2 中 NO-C 相互作用的影响不大，在 700~850℃时，CO、O_2、SO_2 的加入可以提高 NO 还原效率。而 DL 等人[50]发现 CO 对 NO 的促进作用是随温度升高而逐渐减弱的，在温度大于 850℃时完全消失。Li 等人[51]指出温度小于 1100℃时，NO 还原率随着 H_2O 浓度的增加而增加，而相反的结果出现在 1100~1400℃。Park 等人[52]在实验过程中发现少量的 HCN 和 NH_3 加入 H_2O 后促进 NO-C 相互作用，加入 CO_2 后出现 N_2 增加的现象。作为煤粉燃烧的主要产物，煤粉燃烧时的 CO_2 含量在锅炉燃烧后阶段可达 14%以上。Lu 等人[53]研究了 CO_2 浓度（高达 30%）对碳还原 NO 的影响，表明增加 CO_2 浓度促进 NO-C 相互作用。

1.4 矿物质催化半焦还原脱硝的研究进展

一些工作表明，煤灰分的金属氧化物组成在 NO 的还原中起着重要的作用。煤灰催化 NO-C 反应的作用已被证明[54~58]，并观察到随着温度的升高效果有所改善。全面了解在煤炭的燃烧过程中 NO 的形成和还原，煤中矿物的作用物质对 NO 排放的预测和控制具有重要意义。Zhao 等人[59]在石英固定床反应器中，研究了 NO-C 反应和无矿物物质条件下的炭燃烧。采用四种煤在950℃的流化床上未经预处理或先炭化制备了八种半焦。在 Ar、CO/Ar 和 O_2/Ar 气氛下分别研究了 NO 在煤热解焦炭上的分解。结果表明，原煤炭中的 NO 比相应的脱碳炭更容易还原 NO。矿物质对 CO_2 和 O_2 的增强都有影响，对 NO 的减少有影响。矿物中的碱金属钠显著催化 NO-C 反应，Fe 显著促进 NO 与 CO

的还原。研究了矿物质对炭黑燃烧过程中 NO 的排放的影响。结果表明，对 NO-C 反应具有催化活性的矿物成分使 NO 排放量减少，而无催化活性的矿物组分使 NO 排放增加。此外，还研究了碳燃烧过程中矿物对 NO-C 反应的影响与 NO 排放量的关系进行了讨论。

Chang'an Wang 等人[60]在立式管式炉中研究了高浓度 CO 对半焦、灰分及各种金属材料还原 NO 的影响。实验结果表明，高浓度 CO 的存在对降低半焦表面 NO 含量起着关键作用。NO 浓度等值随不同的反应条件和不同的焦炭类型而变化，这可能归因于不同的动力学反应顺序。此外，反应温度和焦炭制备温度对焦炭 NO-CO 反应有明显的影响。煤灰中的活性组分对高浓度 CO 还原 NO 具有明显的催化作用，而且各种金属氧化物和煤灰的催化作用随着温度的升高而明显改善。结果表明 NO 在 CO 反应中的催化活性为：$Fe_2O_3 > CaO > MgO > Al_2O_3 > SiO_2$。固定碳比粉煤灰对 NO 还原活性更高。动力学分析表明，高浓度 CO 的存在降低了半焦还原 NO 的表观活化能，此外，大量的活性金属氧化物还可以降低 NO 还原反应的表观活化能，这对进一步降低 O_2/CO_2 燃烧过程中 NO 的排放是有益的。

Zhihua Wang 等人[61]研究了挥发分含量和固有含氮量相近的两种烟煤 NO 还原的差异。神华煤中富含 Na、K、Ca 和 Fe 的灰分在淮南煤中占 15% 以上。采用脱矿和再浸工艺对煤灰中矿物质进行了研究。将原煤、脱矿质煤和浸渍煤作为再燃燃料进行评价。结果表明，煤中矿物质对煤在燃烧过程中 NO 还原效率有较大影响。外加矿物质能显著提高煤再燃过程的 NO 还原效率。矿物的有效顺序为：Na>K>Fe>Ca。

Juwei Zhang 等人[62]在高温滴管炉上考察了 5 种半焦在 1273～1573K 温度范围内与 NO 的反应性，提出了两个归一化参数（X 和 Mc），分析了固有金属含量对焦炭反应性的影响。半焦中固有的金属催化剂，如镁、钾、钠、钙、铁等，通过降低活化能，可以显著提高半焦的反应活性。结果表明，在 1273～1573K 温度下，镁、钾、钠、钙、铁的催化活性依次降低。在本研究中，镁对焦炭还原 NO 具有很强的催化作用。

但是煤灰成分是不可调的，利用煤灰作为催化剂不是一个有效的方法。除了半焦固有的灰，在半焦上浸渍金属也是常用的方法，用于催化提高 NO-C 反应的活性。目前煤粉催化脱硝催化剂的热点是 Fe 基催化剂的使用，其具有低廉的价格且不会对燃烧设备造成不利影响。Gong 等人[63]从无烟煤燃点成因入手，结合煤热解过程，对 Fe_2O_3 催化无烟煤热解过程中的转化率、热解气组成、半焦表面结构的变化等方面进行了研究，解释了催化剂降低燃点的机理。Yang 等人[64]研究了以褐煤为载体的金属氧化物催化剂 NO 的还原反应，使用固定床反应器研究了活化褐半焦负载氧化铜和氧化铁催化剂对 NO 还原的影响。结果表明，Fe_3O_4 为 Fe 催化剂的活性相，氧和半焦负载的金属催化剂显著促进 C-NO 反应。

Cheng 等人[65]研究了温度、氧浓度、CO 浓度以及 H_2O 和 SO_2 的存在与否等关键因素对反应的影响。实验结果表明，混合铁粉体可有效作为 NO 的还原催化剂，降低反应温度。更高的氧浓度对 NO 还原和 CO 生产均有促进作用。半焦和 CO 合作为 NO 还原剂。为了探索反应机理，进行了各种试验用于不同条件下的样品和反应，如 SEM、TG、XPS 和原位红外。扫描电镜图像说明半焦是在无氧的高温下烧结而成的，但铁可以抑制这一烧结过程。TG 试验表明，在氧气存在下，半焦的反应速率是最快的，铁粉末对失重率有抑制作用。XPS 的结果显示，温度升高和铁元素的添加会增加表面氧含量。原位红外光谱揭示了 NO 在半焦表面形成各种硝酸盐。根据实验结果和半焦活化，提出了混合铁粉/不混合铁粉对半焦的催化反应机理。

Zhao 等人[66]使用石英固定床反应器在半焦浸渍钙和铁作为催化剂下对 NO-char 反应的影响进行研究。采用程序升温反应和等温反应对钙和铁催化剂对 NO-char 反应的催化活性进行了测定。结果表明：前处理温度越高，钙的催化活性越低，而预处理温度对铁的影响不大。钙和铁都促进了 NO-char 反应，但后者的催化活性高于前者。浸渍在半焦上的 Fe 和 Ca 均显著降低了 NO 和 CO 的含量。O_2 的存在对 char-NO-Ca 和 char-NO-Fe 或纯 char-NO 能显著促进了 NO 减少，并提出了钙、铁催化过焦 NO 还原的氧化还原机理。

Xingyuan Wu 等人[67]以原生生物质焦和酸洗生物质焦为原料，在固定床反应器中研究了 C-NO 的等温反应和程序升温脱附反应。发现含有钾的生物质焦脱硝过程生成了大量的 C(O) 官能团。Zhong B J 等人[68]为了研究煤灰中单一金属氧化物对高温 NO 还原的影响，以神府烟煤为原料，在 1223～1523K 的滴管炉中进行 NO 还原实验。然后将单一催化剂（KOH 或 NaOH）加入脱色焦中。实验和预测结果表明，神府烟半焦中的 NO 比脱灰烟半焦更易于还原，表明半焦中的矿物质对 NO 的还原有一定的催化作用。实验和预测结果表明，KOH 和 NaOH 作为脱灰焦还原 NO 的燃料，KOH 的催化活性略好于 NaOH。

Bueno L A 等人[69]研究结果表明金属对半焦异相还原 NO 具有显著的促进作用。在氧气存在时即使温度低至 300℃，加载在褐煤炭（LC）上的金属也可以显著提高 NO 去除率[70,71]，金属负载的褐煤炭可能为 NO 有效去除铺平道路[72,73]。然而在氧存在时，用过渡金属催化碳直接还原 NO 的动力学机理还没有被完全理解。Yang[74]对 O_2 存在下的活化褐煤负载的铜、铁氧化物催化 NO 还原进行了系统的研究，对 NO 还原的机制和 CO_2 生成也进行了阐明。研究了以褐煤为载体的金属氧化物催化剂对 NO 的还原反应。使用固定床反应器在 300℃下研究了活化褐半焦负载氧化铜和氧化铁催化剂对 NO 还原的影响。结果表明，浸渍负载在褐半焦的铜比铁 NO 还原反应的催化活性比较高。此外，O_2 和 NO 在 Cu/ALC 催化剂的化学吸收作用下脱硝过程中起到重要作用。FTIR 和 XRD 分析表明 Cu/ALC

催化剂的 C-O 络合物的生成及 Cu^0 氧化为 Cu^+。由于 $C-O_2$ 反应生成 C(O) 中间体和 C^*（活性碳原子）促进 NO 的还原而形成产物。有人认为 NO 的催化反应包括 $C-O_2$ 反应、C(O)-NO 反应以及 N_2 和 CO_2 的生成。Cu 与 Fe 相比，对 C(O) 的生成和 CO 氧化均有显著促进作用。催化 Cu 种类对 C(O) 形成和 CO 氧化的活性依次为：$Cu^0 > Cu^+ > Cu^{2+}$。Fe_3O_4 为 Fe 催化剂的活性相，氧和半焦负载的金属催化剂显著促进 C-NO 反应，因此可能导致 NO_x 去除的操作温度较低。

氧化铈由于其特殊的储氧能力（OSC）可以在许多催化反应中产生所谓的"高活性氧"，在煤烟的 NO_x 去除反应中也具有良好的催化活性。到目前为止，已经做了很多探索性和开拓性的工作并研制出了这种反应的高效催化剂，诸如单一/混合金属氧化物[75~80]，水滑石衍生氧化物，钙钛矿和尖晶石氧化物[81~84]。与 CeO_2 相比，其他单一金属氧化物，如 SiO_2、Al_2O_3、TiO_2 和 ZrO_2，它们不能产生高"活性氧"，对煤烟的 NO_x 去除反应表现出较差的甚至没有催化活性[79]。因此，研究人员一直致力于设计铈基催化剂用于同时去除煤烟和 NO_x，并发现以铈为基础的催化剂中掺杂有过渡金属（铜、钴和锰）具有很高的催化活性反应[80,81]。然而据报道，这些催化剂只对煤烟的完全燃烧和氮氧化物有效而且它们的催化活性较低，一般氮氧化物转化率低于 20%。因此，研制出对煤烟和 NO_x 同时消除的催化剂仍然是一个巨大的挑战。另一方面，经研究发现，含铁氧化物是 NO_x/煤烟转化的有效催化剂[85,86]。Reichert 等人研究了 NO_x 与煤烟在使用纯 Fe_2O_3 催化剂的反应机理，实验结果表明，在不受 Fe_2O_3 催化剂直接影响的情况下，煤烟表面不可能发生还原反应[85]。张等人研究表明，在 O_2 气氛下掺铁的氧化铈对煤烟的燃烧是有效的，Fe-O-Ce 可能是其中反应的活性位点[87]。

复合型催化剂是将以上两种或两种以上的催化剂经过化学或物理方法混合后制成的具有一定强化催化效果的催化剂。在复合催化剂中，催化剂只是简单地与半焦混合在一起[88]，作为催化剂来提高了碳氧化和 NO 还原的反应活性。公旭中等人[89]研究了 Ca-Fe-Ce 系催化剂对无烟煤燃烧的影响，认为复合催化剂中各个组分之间具有一定的协同作用。程军等人[90]提出了一种 Na-Fe-Ca 复合催化剂催化煤燃烧的新型串级链催化机理，在该机理中氧原子基于金属催化活性的顺序从 Na 输送到 Fe 到 Ca 到 C，相反的电子以相反的顺序输送。在其他文献[91,92]中，采用浸渍法或水热合成法制备催化剂，这个过程很复杂并需要很长时间。

在催化脱硝研究中，所使用的催化剂大多数都是通过人工合成制备的，虽然脱硝效果显著，但是如果作为工业应用还有很大的不足，主要体现在催化剂原料昂贵，制作过程复杂以及失效后难以处理等问题。因此，也有利用天然矿物，或冶金废渣等作为催化剂，同样取得了良好的脱硝效果。程军等人[93]提出了一种含 Na-Fe-Ca 复合催化剂的工业废弃物作为催化燃烧催化剂，工业废弃物中的Na-Fe-Ca复合催化剂表现出比单独的 Na-Fe-Ca 复合催化剂更好的催化燃烧效果，晋城无烟煤的着火温度从 582℃ 降低到 550℃ ，燃烧效率从 91.8% 提高到 95.4% 。邹冲等人[94]采用热重法研究了含铁粉尘对煤燃烧性能的影响。结果表明赤铁矿、BOF 粉尘、BOF 污泥降低了着火温度，加快了燃烧速度。在煤燃烧过程中，提高了燃尽率，加快了燃烧效率。根据动力学研究结果、XRD、SEM-EDS 和氮吸附分析结果，提出了这些含铁粉尘可能的催化强化燃烧机理。这些含铁粉尘的催化燃烧效果不仅与成分有关，而且与这些粉末的表面形态和孔隙结构有关。

1.5 白云鄂博稀土尾矿催化脱硝的可行性分析

白云鄂博矿床矿物种类繁多，已发现 170 多种矿物，含有 73 种元素，白云鄂博矿石首先是作为铁矿石开采的，后来从中回收了稀土。其中铁的氧化物有磁铁矿、赤铁矿、假象赤铁矿、褐铁矿等，其中 72% 左右的铁存在于赤铁矿中，其他铁存在于磁铁矿、褐铁矿、黄铁矿、黑云母等矿物中。白云鄂博矿中的稀土矿物以独居石、氟碳铈矿为主，95% 以上的稀土分布于氟碳铈矿为主的氟碳酸盐和独居石中，在其他矿物中的分布量很少。

白云鄂博矿是一个多元素多矿物的共生矿，含有丰富的铁、稀土、铌和萤石等资源为世界罕见，白云鄂博共生矿中有回收价值的主要组分有磁铁矿、赤铁矿、萤石、稀土矿物以及少量的铌矿物[95~101]。其中铁矿物主要为磁铁矿 Fe_3O_4 和赤铁矿 Fe_2O_3 ，其中 72% 左右的铁存在于赤铁矿中，其他铁存在于磁铁矿、褐铁矿、黄铁矿、黑云母等矿物中。稀土矿物主要为氟碳铈矿和独居石。氟碳铈矿是稀土的氟碳酸盐矿物，其化学式可表示为 $ReFCO_3$ ，其中 ReO 的质量分数为 74.77% ，主要含铈族稀土，氟碳铈矿受热易分解，生成稀土氧化物 ReO[102,103]。

由于选矿技术水平有限，近五十年来只回收了大部分铁和少量稀土，剩下的资源全部作为尾矿堆存在尾矿坝。白云鄂博尾矿坝是一个宝贵资源，是另一个白云鄂博矿，因为白云鄂博矿是一个多元素多矿物的共生矿，含有丰富的铁稀土、铌和萤石等资源为世界罕见。截止到 2005 年堆存在尾矿坝的尾矿量已达 1.5 亿吨，尾矿中铁的品位从过去的 21% 降至最近几年的 14% 左右，铁的储量以平均品位 18% 计算达 2700 万吨，转合 35% 品位的铁矿石为 7700 万吨，稀土含量比原矿提高了，以平均品位 7% 计算，稀土的储量超过 1000 万吨 ReO 以上，铌的储量约为 25 万吨 Nb_2O_5 ，萤石的储量约 4000 万吨，储有如此巨大数量的有用元素和矿物，无疑是一座巨大的宝藏。

稀土尾矿中依然含有大量的金属元素，其中过渡金属元素占比 28.55%，稀土金属元素占比 6.49%。从国内外的研究现状来看，这两类的金属元素被大量用于脱硝当中。所以从成分上来看，稀土尾矿作为催化剂还是很有前景的，白云鄂博尾矿中各种矿物常共生在一起，紧密共生、互相穿插、互相包裹，形成难以解离的共生体结构关系[104,105]。白云鄂博尾矿中的铁-稀土共生体中的氧化铁和稀土氧化物对半焦脱硝起到协同催化作用，是天然的矿基催化材料，且由于这些物质在稀土尾矿中通过共伴生状态存在，极容易发生协同催化脱硝作用。研究开发白云鄂博稀土尾矿催化还原脱除 NO_x 的性能和机理具有很大的应用前景。

1.6 研究内容与研究方案

本课题通过固定床反应器研究白云鄂博稀土尾矿催化半焦脱硝的催化活性；通过程序升温实验研究白云鄂博稀土尾矿催化半焦脱硝的作用机理；通过金属氧化物模型研究白云鄂博稀土尾矿的多金属氧化物在催化脱硝中的协同作用机制；通过解耦实验研究白云鄂博稀土共生矿中连生体矿相的联合催化作用。

研究内容如下所示：

（1）白云鄂博稀土尾矿催化半焦脱硝的性能。通过固定床反应器研究评价条件如反应温度、空速、催化剂比例等催化脱硝活性的影响，研究燃烧气氛（O_2、CO 等）对半焦催化脱硝的影响，从而找出白云鄂博稀土尾矿的催化活性。

（2）白云鄂博稀土尾矿对半焦催化脱硝的作用机理。通过程序升温实验研究白云鄂博稀土尾矿对半焦燃烧产生的 NO_x 速率的影响；比较不同类型催化剂对半焦燃烧过程脱硝速率的影响，分析白云鄂博稀土尾矿对半焦催化脱硝的作用机理。

（3）白云鄂博稀土尾矿催化脱硝过程的活性组分和协同作用机理。通过金属氧化物模拟白云鄂博稀土尾矿中具有催化活性的主要矿物，采用结构表征手段研究复合金属氧化物催化脱硝过程的表面形态变化，从而确定稀土尾矿中的催化活性组分以及协同作用机理。

（4）白云鄂博稀土共生矿中连生体矿相的催化性能和联合作用机制。通过解耦实验将白云鄂博稀土共生矿中的单体解离矿相和连生体矿相分离，比较单体解离矿相和连生体矿相的催化性能，分析稀土共生矿中连生体矿相的联合催化作用。

研究方案如下所示：

（1）稀土尾矿催化半焦脱硝特性实验。在固定床反应器实验系统上，研究白云鄂博稀土尾矿对半焦燃烧过程中 NO 的协同脱除特性。采用模拟烟气，研究白云鄂博稀土尾矿对 CO 还原 NO 的催化特性；采用固定床反应器模拟快速升温条件下尾矿的催化脱硝特性，分析催化剂反应温度、添加比例、空速对催化脱硝活性和稳定性的影响，从而找到该催化剂的最佳评价条件。

（2）稀土尾矿催化脱硝反应机理分析。通过程序升温实验研究稀土尾矿催化剂对半焦催化脱硝的反应途径和反应速率；采用氧传递理论分析白云鄂博稀土尾矿催化脱硝过程的反应机理，研究稀土尾矿催化脱硝过程中进行的物理化学变化，分析催化脱硝过程中稀土尾矿的固态相变及结构变化规律，得到白云鄂博稀土尾矿的催化脱硝的作用机理。

（3）稀土尾矿的多金属氧化物协同催化作用分析。白云鄂博稀土尾矿中的多金属氧化物对烟气脱硝具有协同效应，该效应来源于多金属间的复杂相互作用，本课题利用 N_2 吸附表面性能分析仪、X 射线衍射、扫描电镜、热分析等分析检测方法，比较经过催化前后稀土尾矿催化剂的微观结构、晶相结构和表面结构变化，分析稀土尾矿内的多金属活性成分间的协同催化作用。

（4）稀土尾矿中连生体矿相的联合催化作用分析。白云鄂博稀土尾矿中的矿相包含单体解离矿相和连生体矿相两类，这两类矿相均具有催化脱硝活性。采用解耦实验通过强磁选将具有催化活性的单体解离矿相和连生体矿相分离，分别得到强磁选精矿和强磁选尾矿，从而比较两类矿相的催化性能，分析连生矿相的联合催化作用。

本 章 小 结

本章介绍了半焦脱硝的技术进展，通过对现有脱硝技术的介绍和半焦脱硝技术的进展分析表明：矿物质对半焦脱硝有显著的催化促进作用。在目前的半焦催化脱硝研究领域中，主要侧重于金属氧化物脱硝活性和脱硝机理方面的研究，但就催化剂种类的选择而言，复合金属氧化物特别是基于冶金固废的矿物催化材料的催化作用方面的研究相对较少。白云鄂博尾矿中金属铁氧化物、稀土氧化物都会对半焦脱硝起到催化作用，且由于这些物质在白云鄂博尾矿中通常以共伴生状态存在，极容易发生协同催化作用。然而对于白云鄂博尾矿中多金属氧化物协同催化脱硝的机理还不明确，对催化反应性能、催化活性组分以及反应机理等方面都需要进行深入研究；对于白云鄂博尾矿内连生体矿相催化脱硝的联合作用机理研究还比较缺乏，因此本书以白云鄂博尾矿为对象，讨论白云鄂博尾矿中铁矿物与稀土矿物催化脱硝的催化性能和协同作用机理。

2 实验系统及方法

《《

2.1 实验材料

本实验采用的稀土尾矿取自于内蒙古自治区白云鄂博稀土尾矿坝。经研磨干燥后过标准筛，筛选出 150～200 目的矿粒作为原材料备用。实验中所用其他材料见表 2-1。

表 2-1 实验使用的化学试剂及气体

名称	化学式	级别	生产厂家
高纯氮气	N_2	99.999%	大连大特气体有限公司
高纯氧气	O_2	99.999%	大连大特气体有限公司
一氧化碳	CO	$1\%CO/99\%N_2$	徐州法液空特种气体有限公司
一氧化氮	NO	$1\%NO/99\%N_2$	徐州法液空特种气体有限公司
氢气	H_2	$5\%H_2/95\%N_2$	徐州法液空特种气体有限公司
氧化铁	Fe_2O_3	>99%	天津市科密欧化学试剂有限公司
氧化铈	CeO_2	>99%	天津市科密欧化学试剂有限公司

2.2 稀土尾矿的处理

稀土尾矿的处理实验对稀土尾矿进行强磁选处理，所用仪器为 GYH 系列超强辊式磁选机。如图 2-1 所示为 GYH 系列超强辊式磁选机，磁场强度范围是 0.05～1.2T。该磁选机可通过调节不同的电压来控制磁场强度。选矿工艺如图2-2所示，磁选强度选用 1.2T。通过强磁选出来的矿物称为磁选精矿，剩下的矿物称为磁选尾矿。

由于稀土尾矿中所含矿物种类较多，不同种类的矿物的磁性强弱也不一样。其中，磁铁矿磁性最强，赤铁矿磁性较弱，萤石、石英、重晶石等脉石矿物没有磁性。通过强磁选可将以磁铁矿和赤铁矿等磁性较强的矿物选出，而无磁性矿物萤石、石英、脉石等，以及与之连生的铁矿物、稀土矿物等具有催化活性的磁性较小的连生体矿物会留到磁选尾矿中。

图 2-1 超强辊式磁选机

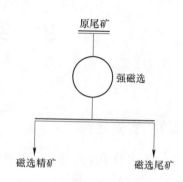

图 2-2 稀土尾矿处理方式

2.3 脱硝性能检测设备

脱硝实验装置示意图如图 2-3 所示。由图 2-3 可知，脱硝实验装置由气体供给系统、固定床反应系统和烟气分析系统三部分组成。实验仪器主要由供混气箱、立式管式炉、烟气分析仪以及计算机数据采集装置组成。

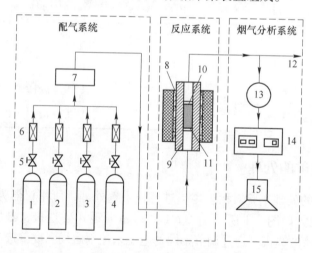

图 2-3 实验装置示意图

1—N_2 瓶；2—CO；3—NO 瓶；4—其他气体瓶（CO_2、SO_2、O_2）；5—减压阀；6—流量计；7—混气箱；8—热电偶；9—电阻丝；10—石棉网；11—样品；12—排空；13—过滤器；14—烟气分析仪；15—计算机

气体供给系统主要设备为混气箱，产自于南京博蕴通仪器科技有限公司，其型号为 GXD08-4E，如图 2-4 所示。基本参数：量程 0～500mL/min，精度±1.5%。在本实验中，实验所需气体需要从气体钢瓶经减压阀减压至 0.04MPa 输入到混气箱，在混气箱上进行调节达到实验所需气体的配比。

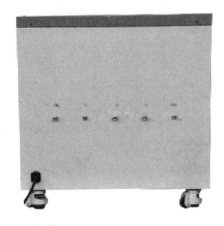

图 2-4 GXD08-4E 型混气箱

固定床反应系统的主要设备为立式管式炉,产自南京博蕴通仪器科技有限公司,型号为 VTL1600,如图 2-5 所示。基本参数:升温速率为 10℃/min,最大额定温度为 1600℃,控制精度为 ±1%。立式管式炉炉膛由双层耐高温石英套管组成,外石英管固定不动,内石英管为反应管,内石英管的上下口均用聚四氟乙烯密封圈密封。内石英管在炉膛的加热段位置塞厚度约 1cm 耐高温石英棉,呈蓬松状,催化剂置于石英棉之上,实验所需的反应气在立式管式炉内由下至上供给。具体催化剂添加方式如图 2-6 所示。

图 2-5 VTL1600 型立式管式炉

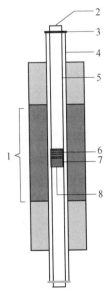

图 2-6 催化剂添加示意图

1—炉膛加热段;2—烟气分析仪;3—密封圈;4—外石英管;
5—内石英管;6—催化剂;7—石英棉;8—接混气箱

烟气分析系统主要设备由傅里叶红外光谱（FTIR）烟气分析仪和计算机数据采集装置组成。该仪器产自芬兰，型号为 GASMET-DX4000，如图 2-7 所示。该烟气分析仪可以对多种烟气成分进行检测（H_2O、CO_2、CO、SO_2、NO、NO_2、N_2O、NH_3、HCl、HF、C_xH_y 等）。在测试之前需要将烟气分析仪预热，使烟气分析仪的工作温度达到 180℃ 方可进行测试，实验前需用高纯氮气对其进行零点校准。实验开始后设置烟气检测时间间隔为 5s，即每隔 5s 进行一次数据采样。实验结束后需用高纯氮气对烟气分析仪进行清洗，清洗时间至少为 15min。

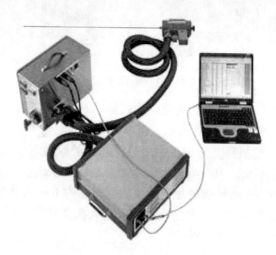

图 2-7　傅里叶红外烟气分析仪

开始实验时，将立式管式炉以 10℃/min 的升温速率从室温加热到实验所需温度，并用烟气分析仪在线监测，当立式管式炉达到实验所需温度且烟气分析仪检测的气体处于稳定状态时，记下此时 NO 体积分数为 $\varphi_{in}(NO_x)$。称取 1.0g 稀土尾矿置于反应器中，每组实验反应时间约为 30min。在整个实验过程中，烟气分析系统会对 NO_x 的实时变化进行监测。待脱硝反应平衡时，NO_x 数值趋于稳定时记为 $\varphi_{out}(NO_x)$。在整个脱硝实验中，NO 初始浓度取 500×10^{-6}，CO 初始浓度为 2000×10^{-6}，空速为 $80000h^{-1}$。通过式（2-1）计算 NO 转化率，式（2-2）计算 N_2 选择性。

$$\eta = \frac{\varphi_{in}(NO_x) - \varphi_{out}(NO_x)}{\varphi_{in}(NO_x)} \times 100\% \tag{2-1}$$

$$N_{2选择性} = \left(1 - \frac{2\varphi_{out}(N_2O)}{\varphi_{in}(NO_x) - \varphi_{out}(NO_x)}\right) \times 100\% \tag{2-2}$$

其中，$\varphi_{in}(NO_x)$ 为进口 NO 体积分数，$\times10^{-6}$；$\varphi_{out}(NO_x)$ 为出口 NO 体积分数，$\times10^{-6}$；$\varphi_{out}(N_2O)$ 为 N_2O 出口体积分数，$\times10^{-6}$。

2.4 催化剂表征

2.4.1 矿物特征自动定量分析系统（AMICS）

矿物特征自动定量分析系统由 ZEISS 高分辨率电子扫描显微镜、现代快速高分辨率 Bruker 能谱仪、AMICS-Mining 软件组成。主要用于测定矿石的矿物组成、元素组成、元素分布、矿石结构构造、矿石粒度、解离度、连生关系、选矿流程考察；石油、天然气勘探岩芯岩屑的物相及孔隙度测定，煤矿灰分矿物的含量及粒度分布测定，岩石、土壤、河床泥、空气粉尘、烟道粉尘的成分及物相分析。在本研究中利用矿物特征自动定量分析系统对稀土尾矿、磁选尾矿和磁选精矿进行矿物工艺学研究，通过工艺矿物学的分析来解释矿物特征与脱硝性能的关系。

2.4.2 扫描电子显微镜分析（SEM）

本实验采用的场发射扫描电子显微镜产自德国蔡司公司，型号为 Sigma500。该电镜采用成熟的 GEMINI 光学系统设计，分辨率超过 0.8nm。Inlens 探测器被放置在光轴上，减少了重新校准的操作且将成像时间缩短。Gemini 电子束推进器技术可以在超低电压下获取小束斑和高信噪比，从而获得微小粒子、表面、纳米结构、薄膜、涂层和多层的图像信息。本研究利用扫描电子显微镜对稀土尾矿的表面形貌进行分析测试，为稀土尾矿作脱硝催化剂提供理论依据。

2.4.3 X 射线荧光光谱分析（XRF）

本实验采用的 X 射线荧光分析仪型号为 Genius 7000 XRF。其测量元素种类范围：从钠（Na）元素至铀（U）元素含量；分析元素含量范围：$10^{-6} \sim 99.99\%$；测量对象状态：固体粉末、固体块状、液体；激发源：$40kV/100\mu A$ 银靶探测器；电制冷 SDD 探测器测量时间：$3 \sim 30s$。主要应用于矿产勘探，进行原位测试分析，地表土壤成分分析。具有体积小、重量轻、分析速度快和精度高的特点。本研究采用 X 射线荧光光谱仪对稀土尾矿所含的元素进行测试。

2.4.4 X 射线衍射分析（XRD）

X 射线衍射分析仪可以检测材料的成分和微观结构等信息，在本研究中利用 X 射线衍射分析仪对稀土尾矿进行晶相结构进行精确分析。实验采用的 X 射线衍射仪产自于德国布鲁克公司，型号为 D8 ADVANCE。由于稀土尾矿所含矿物种类较多，且有些矿物含量较少，因此本实验对稀土尾矿进行 X 射线慢扫，扫描速度为 $1°/min$，扫描角度范围 $2\theta = 10° \sim 90°$。

2.4.5　程序升温还原（H₂-TPR）

程序升温还原测试（H₂-TPR）采用的化学吸附仪产自北京彼奥德公司，型号为 PCA-1200。分析方法采用连续流动程序升温法，检测器是镀金 TCD 检测器。其分析温度为室温至 1000℃；分析压力为常压；安控系统为高精度可燃气体预警；流量控制为质量流量控制器；反应器为 U 型石英反应器。实验前将载气接 H_2/N_2 混合气（H_2 体积分数为 5%），处理气接高纯 N_2，每次实验所需样品 0.2g，载气与处理气流量均为 20mL/min。在 H₂-TPR 测试过程中，首先需要用 N_2 对仪器管路吹扫清洗至少 10min；然后对样品进行脱水处理，脱水温度为 300℃，脱水时间 30min；最后对催化剂进行程序升温还原测试，还原温度取室温至 900℃，升温速率为 10℃/min。

2.4.6　程序升温脱附（NO-TPD）

程序升温脱附测试（NO-TPD）采用的化学吸附仪产自于北京彼奥德公司，型号为 PCA-1200。实验前将载气接高纯 N_2，处理气接 NO/N_2 混合气（NO 体积分数为 1%），每次实验所需样品 0.2g，载气与处理气流量均为 20mL/min。在 NO-TPR 测试过程中，首先需要用 N_2 对仪器管路进行吹扫清洗至少 10min；其次对样品进行脱水处理，脱水温度为 300℃，脱水时间 30min。再次对 NO 进行饱和吸附，NO 吸附温度为 100℃，吸附时间为 30min，NO 气体流量为 40mL/min。饱和吸附后，用 N_2 进行吹扫，将催化剂上物理吸附的 NO 清除。最后进行 NO 程序升温脱附测试，脱附温度为室温至 900℃，升温速率为 10℃/min。

2.4.7　X 射线光电子能谱分析（XPS）

X 射线光电子能谱仪产自美国赛默飞世尔科技公司，型号为 ESCALAB250XI。主要用于鉴别样品表面的元素种类、化学价态以及相对含量。该仪器适合用于不同的特殊过渡金属元素的研究，微区 XPS 分析（单色化 XPS），用于样品微区（大于 $20\mu m$）表面成分分析，高能量分辨的化学态分析。在本研究中，利用 X 射线光电子能谱可以检测到反应前后稀土尾矿中各元素价态含量变化，为探索稀土尾矿催化脱硝的机理提供指导。

2.4.8　热重分析（TG）

本实验采用的同步热分析仪产自德国耐驰公司，型号为 STA449 F3 Jupiter。该仪器由天平、炉子、程序控温系统、记录系统四部分组成，可以测出样品的随温度的失重曲线（TG）和热流量曲线（DSC），且对 TG 曲线求一阶导数可以获得样品随温度的失重速率（DTG）曲线。技术指标：测温范围为室温至 1650℃；

称重范围为 0~35000mg；TG 解析度为 0.025μg；DSC 解析度为小于 1μW；升温速率为 0.001~50℃/min。

2.4.9　质谱分析（MS）

本实验采用的在线质谱仪产自英国 HIDEN 公司，型号为 HPR20。其性能特点：自动流量控制，以恒定离子源压力；液氮低温板，增强对可凝结的背景气体的抽吸；三级过滤四级杆类型；灵敏度强，检测极限低（$5×10^{-9}$）；软离子化技术，能分析复杂有机物。技术规格：质量数范围为 1~300amu；响应速度为 300m/s；扫描速度为 100amu/s；最小扫描步阶为 0.01amu；取样压力为 0.1~2bar；检测浓度为 $5×10^{-7}$~100%；稳定性为 24h 以上，峰高变化小于±0.5%；进样流量为 1~20mL/min。

本 章 小 结

本章对实验系统和方法进行介绍，采用的脱硝催化剂为白云鄂博稀土尾矿。所用到的仪器设备分两部分，第一部分是脱硝性能检测设备，由混气箱、立管炉和烟气分析仪组成；第二部分是催化的表征设备，主要有矿物特征自动定量分析系统、扫描电子显微镜、X 射线荧光光谱仪、X 射线衍射仪、化学吸附仪、X 射线光电子能谱仪、同步热分析仪和质谱仪。通过对稀土尾矿脱硝性能检测和结构表征的分析，为稀土尾矿作为脱硝催化剂提供理论指导。

3 稀土尾矿矿物工艺学分析

3.1 矿物成分分析

原尾矿、磁选尾矿和磁选精矿的矿物组成见表 3-1。由表 3-1 可知，稀土尾矿的矿物主要由铁氧化矿物、稀土矿物、萤石、石英、硅酸盐矿物、碳酸盐矿物、磷酸盐矿物、硫酸盐矿物和硫铁矿物等组成。铁氧化矿物主要由磁铁矿 Fe_3O_4 和赤铁矿 Fe_2O_3 组成，稀土矿物主要由氟碳铈矿 $CeCO_3F$ 和独居石 $CePO_4$ 组成，硅酸盐矿物主要由长石 $NaAlSiO_8$、闪石 $Na_2Fe_2(Si_8O_2)(OH)_2$、辉石 $NaFe+3(SiO_3)_2$ 和云母 $K(Mg/Fe)_3AlSi_3O_{10}F_2$ 组成，碳酸盐矿物主要由白云石 $(CaMg(CO_3)_2)$ 和方解石 $(CaCO_3)$ 组成，磷酸盐矿物主要是 $Ca_5(PO_4)_3F$，硫酸盐矿物是 $BaSO_4$，硫铁矿物是 FeS_2。

表 3-1 矿物成分分析

矿物种类	化 学 式	矿物组成（质量百分数）/%		
		原尾矿	磁选尾矿	磁选精矿
赤铁矿/磁铁矿	Fe_2O_3/Fe_3O_4	30.01	9.12	40.98
氟碳铈矿	$CeCO_3F$	9.83	11.28	6.20
氟碳钙铈矿	$CaCe_{1.1}La_{0.9}(CO_3)_3F_2$	0.94	1.10	0.64
独居石	$CePO_4$	3.72	3.92	2.84
萤石	CaF_2	17.58	24.74	9.93
石英	SiO_2	1.23	3.69	1.41
长石	$NaAlSiO_8$	0.61	1.54	0.37
闪石	$Na_2Fe_2(Si_8O_2)(OH)_2$	3.51	3.08	5.65
辉石	$NaFe+3(SiO_3)_2$	1.76	4.60	7.66
云母	$K(Mg/Fe)_3AlSi_3O_{10}F_2$	1.94	1.93	2.34
白云石	$CaMg(CO_3)_2$	6.51	4.06	6.05
方解石	$CaCO_3$	0.95	1.71	1.18
氟磷灰石	$Ca_5(PO_4)_3F$	2.79	4.29	2.04
重晶石	$BaSO_4$	8.63	12.77	2.06
黄铁矿	FeS_2	6.09	8.66	5.11
其他	—	3.90	3.51	5.54

稀土尾矿经过强磁选后，比磁化系数较大的含铁矿物会被强磁选出。磁选精矿中铁氧化矿物（赤铁矿、磁铁矿）由 30.01% 增加至 40.98%，磁选尾矿中铁氧化矿物由 30.01% 减少至 9.12%。磁选精矿中含铁硅酸盐矿物（闪石、辉石、云母）由 7.21% 增加至 15.65%，磁选尾矿中含铁硅酸盐矿物由 7.21% 增加至 9.61%。比磁化系数较小的矿物未能经过强磁选带出，留到磁选尾矿中。磁选精矿中氟碳铈矿由 9.83% 减少至 6.20%，磁选尾矿中氟碳铈矿由 9.83% 增加至 11.28%。磁选精矿中萤石由 17.58% 减少至 9.93%，磁选尾矿中萤石由 17.58% 增加至 24.74%。磁选精矿中重晶石由 8.63% 减少至 2.06%，磁选尾矿中重晶石由 8.63% 增加至 12.77%。磁选精矿中黄铁矿由 6.09% 减少至 5.11%，磁选尾矿中黄铁矿由 6.09% 增加至 8.66%。因此，稀土尾矿经过强磁选后，矿物种类没有发生变化，但某些矿物的含量百分比发生了相应的改变。

3.2 矿物 OM 分析

稀土尾矿经过强磁选后，赤铁矿和萤石的分布变化最大。其原因是，稀土尾矿经强磁选后会把大部分赤铁矿单体和赤铁矿为主体的连生体的矿物颗粒选出，剩下的大部分无磁性矿物留在磁选尾矿中。其中，磁选尾矿以萤石为主，还有极细的赤铁矿嵌布在脉石矿物中。由于稀土矿物的磁性较弱，经过强磁选后，大部分稀土矿物（氟碳铈矿、独居石）都留在磁选尾矿中。因此，经过强磁选得到的磁选尾矿中的赤铁矿分散度最高。

3.3 矿物 SEM 分析

如图 3-1（a）、（b）所示分别是原尾矿、磁选尾矿和磁选精矿的扫描电镜图

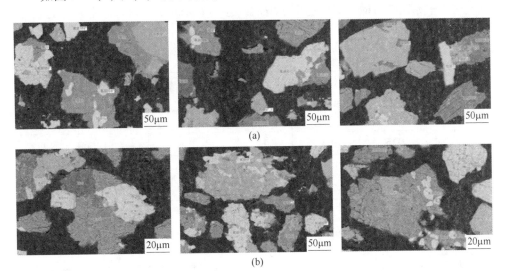

(c)

图 3-1　矿物扫描电镜图

（a）原尾矿扫描电镜图像；（b）磁选尾矿扫描电镜图像；（c）磁选精矿扫描电镜图像

像。通过对比发现，磁选精矿中以赤铁矿为主的矿相连生体矿物占大部分。磁选尾矿中稀土矿物为连生体的矿物占比较高，而赤铁矿仅是以细小颗粒被包裹于脉石中，而且磁选尾矿中也出现较多黄铁矿的连生体，这也与矿物 OM 图像相对应。当温度为 300~700℃时稀土矿物具备良好的催化脱硝能力，黄铁矿也有相应的催化活性[58]。

3.4　矿物单体解离度及连生关系分析

3.4.1　赤铁矿单体解离度及连生关系

表 3-2 为原尾矿、磁选尾矿和磁选精矿三种矿物中赤铁矿的单体解离度分布。由表 3-2 可知，未经磁选处理的稀土尾矿中赤铁矿的单体解离度为 71.62%，与萤石的连生体占 9.19%，与碳酸盐矿物和硅酸盐矿物连生体占 6.81%，与稀土矿物连生体占 6.94%，与其他矿物连生体占 5.44%。经过强磁选得到的磁选尾矿中赤铁矿的单体解离度减少，与萤石、硅酸盐矿物以及稀土矿物的连生体增加。磁选尾矿中赤铁矿与稀土矿物连生率增加，进一步促进铁矿物与稀土矿物的联合-协同脱硝。

表 3-2　赤铁矿单体解离度

矿物类型	单体	连生体/%				
		与萤石连生	与碳酸盐矿物连生	与硅酸盐矿物连生	与稀土矿物连生	与其他矿物连生
原尾矿	71.62	9.19	3.00	3.81	6.94	5.44
磁选尾矿	63.82	12.11	2.31	5.09	9.03	7.64
磁选精矿	78.41	2.37	4.78	5.03	4.92	4.92

3.4.2　氟碳铈矿单体解离度及连生关系

表 3-3 为原尾矿、磁选尾矿和磁选精矿三种矿物中氟碳铈矿的单体解离度分

布。由表 3-3 可知，未经磁选处理的稀土尾矿中氟碳铈矿的单体解离度为 53.79%，与萤石的连生体占 11.26%，与碳酸盐矿物和硅酸盐矿物连生体占 7.01%，与铁矿物连生体占 16.85%，与其他矿物连生体占 11.09%。经过强磁选得到的磁选尾矿中氟碳铈矿的单体解离度减少 3.58%，与萤石、碳酸盐矿物以及硅酸盐矿物的连生体增加。

表 3-3　氟碳铈矿单体解离度

矿物类型	单体	连生体/%				
		与萤石连生	与碳酸盐矿物连生	与硅酸盐矿物连生	与铁矿物连生	与其他矿物连生
原尾矿	53.79	11.26	3.02	3.99	16.85	11.09
磁选尾矿	50.21	15.58	3.06	7.17	8.12	15.86
磁选精矿	42.77	9.16	3.88	7.98	23.38	12.83

3.4.3　独居石单体解离度及连生关系

表 3-4 为原尾矿、磁选尾矿和磁选精矿三种矿物中独居石的单体解离度分布。由表 3-4 可知，未经磁选处理的稀土尾矿中独居石的单体解离度为 46.95%，与萤石的连生体占 12.92%，与碳酸盐矿物和硅酸盐矿物连生体占 11.44%，与铁矿物连生体占 17.91%，与其他矿物连生体占 10.77%。经过强磁选得到的磁选尾矿中独居石的单体解离度几乎没有发生变化，与铁矿物的连生体减少。

表 3-4　独居石单体解离度

矿物类型	单体	连生体/%				
		与萤石连生	与碳酸盐矿物连生	与硅酸盐矿物连生	与铁矿物连生	与其他矿物连生
原尾矿	46.95	12.92	5.55	5.89	17.91	10.77
磁选尾矿	46.53	15.05	4.77	8.2	9.67	15.78
磁选精矿	34.98	9.07	5.83	14.77	25.26	10.09

3.4.4　萤石单体解离度及连生关系

表 3-5 为原尾矿、磁选尾矿和磁选精矿三种矿物中萤石的单体解离度分布。由表 3-5 可知，未经磁选处理的稀土尾矿中萤石的单体解离度为 70.85%，与稀土矿物的连生体占 6.96%，与碳酸盐矿物和硅酸盐矿物连生体占 4.66%，与铁矿物连生体占 12.69%，与其他矿物连生体占 4.84%。经过强磁选得到的磁选尾矿中萤石的单体解离度增加，与稀土矿物、碳酸盐矿物以及硅酸盐矿物的连生体增

加，与铁矿物的连生体减少。

表 3-5　萤石单体解离度

矿物类型	单体	连生体/%				
		与稀土矿物连生	与碳酸盐矿物连生	与硅酸盐矿物连生	与铁矿物连生	与其他矿物连生
原尾矿	70.85	6.96	2.12	2.54	12.69	4.84
磁选尾矿	71.88	8.36	2.51	4.38	6.14	6.73
磁选精矿	62.94	7.46	3.65	4.46	17.76	3.73

3.4.5　石英单体解离度及连生关系

表 3-6 为原尾矿、磁选尾矿和磁选精矿三种矿物中石英的单体解离度分布。由表 3-6 可知，未经磁选处理的稀土尾矿中石英的单体解离度为 43.82%，与萤石的连生体占 9.63%，与碳酸盐矿物和硅酸盐矿物连生体占 9.34%，与铁矿物连生体占 19.83%，与稀土矿物连生体占 8.50%，与其他矿物连生体占 8.88%。经过强磁选得到的磁选尾矿中石英的单体解离度增加，与萤石、碳酸盐矿物、铁矿物和稀土矿物的连生体减少。

表 3-6　石英单体解离度

矿物类型	单体	连生体/%					
		与萤石连生	与碳酸盐矿物连生	与硅酸盐矿物连生	与铁矿物连生	与稀土矿物连生	与其他矿物连生
原尾矿	43.82	9.63	3.49	5.85	19.83	8.50	8.88
磁选尾矿	59.49	8.91	1.49	6.48	7.56	7.56	8.51
磁选精矿	28.69	7.06	2.39	14	30.15	9.93	7.78

3.5　矿物粒度分析

3.5.1　尾矿粒度分布

表 3-7 为原尾矿、磁选尾矿和磁选精矿三种矿物的粒度分布。由表 3-7 可知，原尾矿中粒径小于 34.59μm 占 20%，粒径小于 61.36μm 占 50%，粒径小于 91.69μm 占 80%；磁选尾矿中粒径小于 48.19μm 占 20%，粒径小于 68.81μm 占 50%，粒径小于 98.77μm 占 80%。磁选精矿中粒径小于 43.05μm 占 20%，粒径小于 56.73μm 占 50%，粒径小于 76.03μm 占 80%。由此可知，稀土尾矿矿物粒

度较细，经强磁选后得到的磁选尾矿矿物粒度略大于原尾矿，而磁选精矿矿物粒度略小于原尾矿。

表 3-7　尾矿不同粒度分布

D 值	尺寸/μm		
	原尾矿	磁选尾矿	磁选精矿
D-80	91.69	98.77	76.03
D-50	61.36	68.81	56.73
D-20	34.59	48.19	43.05

3.5.2　尾矿中主要矿物粒度分布

表 3-8 分别为原尾矿、磁选尾矿和磁选精矿中赤铁矿、氟碳铈矿、独居石、萤石、石英矿物的粒度分布。由表 3-8 可知，赤铁矿粒度在小于 $15.77\mu m$ 范围内磁选尾矿占比最大，为 14.25%。当赤铁矿粒度在 $15.77\sim89.19\mu m$ 范围内磁选精矿占比最大，为 87.49%。由此可以说明，稀土尾矿经过强磁选后会把粒径较大的以单体形式存在的赤铁矿和以赤铁矿为主体的连生体矿物选出，仅剩下细粒径的赤铁矿嵌布在其他磁性较小的脉石矿物中留在磁选尾矿中。因此，经强磁选得到的磁选尾矿中赤铁矿的分散度最高，且细粒径的赤铁矿与其他矿物相互嵌布，有利于矿物与矿物间的联合-协同脱硝。

表 3-8　尾矿中各矿物不同粒度分布

矿物类型	粒度/μm	各矿物粒度分布/%				
		赤铁矿	氟碳铈矿	独居石	萤石	石英
原尾矿	<15.77	12.09	17.24	27.49	9.43	7.28
	15.77~44.60	43.56	51.44	52.16	30.13	30.05
	44.60~89.19	36.42	30.39	17.24	46.05	51.01
	>89.19	7.93	0.93	3.11	14.39	11.66
磁选尾矿	<15.77	14.25	16.00	20.66	5.82	4.63
	15.77~44.60	26.13	39.07	34.98	30.75	27.00
	44.60~89.19	41.82	38.84	34.42	52.65	60.18
	>89.19	17.80	6.09	9.94	10.78	8.19
磁选精矿	<15.77	7.70	21.40	29.95	11.03	14.86
	15.77~44.60	44.23	53.29	45.70	39.76	56.35
	44.60~89.19	43.26	25.31	24.35	43.45	24.20
	>89.19	4.81	0.00	0.00	5.76	4.59

稀土尾矿经过强磁选后，除赤铁矿粒度发生变化，其他矿物的粒度分布也有相应的变化。其中，氟碳铈矿粒度在小于 44.60μm 范围内磁选尾矿占比最小，为 55.07%。当氟碳铈矿粒度在大于 44.60μm 范围内磁选尾矿占比最大，为 44.93%。磁选尾矿中独居石的粒度分布规律与氟碳铈矿分布一致，小于 44.60μm 范围内磁选尾矿占比最小。由于萤石在稀土尾矿中含量较大，因此，经过强磁选后稀土尾矿中的萤石含量发生相应的变化。其中，萤石粒度在小于 15.77μm 范围内磁选尾矿占比最小，为 5.82%。当萤石粒度在 44.60~89.19μm 范围内磁选尾矿占比最大，为 52.65%。经过强磁选后石英粒度分布也发生相应的变化，石英粒度在小于 44.60μm 范围内磁选尾矿占比最小，为 31.63%。石英粒度在 44.60~89.19μm 范围内磁选尾矿占比最大，为 60.18%。

3.6　矿物中铁元素与稀土元素分布

表 3-9 为原尾矿、磁选尾矿和磁选精矿的铁元素在各矿物中的分布表。由表 3-9 可知，经过强磁选后铁元素分布变化较大。经过强磁选后的磁选尾矿中，赤铁矿与磁选矿的铁含量下降，黄铁矿、硅酸盐矿物（闪石、辉石等）、碳酸盐矿物（白云石等）含量增加。由此可知，稀土尾矿经过强磁选得到的磁选尾矿中的铁元素不仅仅以赤铁矿和磁铁矿的形式存在，同时也有部分铁元素以高度分散的形式赋存于其他脉石矿物中。

表 3-9　铁元素在各矿物中分布（质量分数）　　　　　（%）

矿物种类	化学式	各矿物中铁元素分布率		
		原尾矿	磁选尾矿	磁选精矿
磁铁矿/赤铁矿	Fe_2O_3/Fe_3O_4	81.38	50.71	81.02
黄铁矿	FeS_2	10.63	31.00	6.50
磁黄铁矿	$Fe_{0.95}S$	1.12	0.86	0.73
菱铁矿	$FeCO_3$	0.22	0.19	0.32
钛铁矿	$FeTiO_3$	0.63	0.86	1.50
菱锰矿	$MnCO_3$	0.05	0.01	0.03
闪锌矿	$(Zn_{0.95}Fe_{0.05})S$	0.01	0.01	0.00
褐帘石	$Y_{1.2}Ce_{0.6}Ca_{0.3}Al_{2.25}Fe_3+$ $0.75(SiO_4)_3(OH)$	0.02	0.15	0.03
易解石	$Y_{0.6}Ca_{0.3}Fe_{0.1}Ti_{1.75}N_{b0.25}O_5(OH)$	0.01	0.04	0.01
铌铁金红石	$Ti_{0.7}Nb_{0.2}Fe_2+0.2O_2$	0.15	0.29	0.09
铌铁矿	$Mg_{0.7}Fe_2+0.1Mn_2+$ $0.1Al_{0.1}Nb_{1.7}Ti_{0.2}Ta_{0.2}O_6$	0.07	0.10	0.10
闪石	$Na_2Fe_2(Si_8O_2)(OH)_2$	2.14	4.01	2.58

矿物种类	化学式	各矿物中铁元素分布率		
		原尾矿	磁选尾矿	磁选精矿
辉石	$NaFe+3(SiO_3)_2$	1.46	7.97	4.95
云母	$K(Mg/Fe)_3AlSi_3O_{10}F_2$	1.00	2.17	0.99
蛇纹石	$Mg_{2.25}Fe_2+0.75(Si_2O_5)(OH)_4$	0.09	0.23	0.23
绿泥石	$Fe_2+3Mg_{1.5}AlFe_3+$ $0.5Si_3AlO_{12}(OH)_6$	0.07	0.11	0.07
白云石	$CaMg(CO_3)_2$	0.91	1.23	0.81
钡铁钛石	$BaFe_2Ti(Si_2O_7)O(OH)_2$	0.02	0.03	0.04
硅镁石	$Ca_{0.15}Na_{0.33}Mg_{2.8}Fe_2+$ $0.2Si_4O_{10}(OH)_2·4(H_2O)$	0.02	0.03	0.00
总计		100.00	100.00	100.00

表3-10为原尾矿、磁选尾矿和磁选精矿中的稀土元素在各矿物中的分布。由表3-10可知，经过强磁选后稀土元素分布变化较小。其原因是稀土矿物比磁系数很小，强磁选对稀土矿物的影响较小。

表3-10　稀土元素在各矿物中分布（质量分数）　　　　　（%）

矿物种类	化学式	各矿物中稀土元素分布率		
		原尾矿	磁选尾矿	磁选精矿
氟碳铈矿	$CeCO_3F$	71.69	71.58	68.15
独居石	$CePO_4$	20.59	18.92	23.69
黄河矿	$BaCe(CO_3)_2F$	1.62	2.42	1.13
氟碳钙铈矿	$CaCe_{1.1}La_{0.9}(CO_3)_3F_2$	5.12	5.23	5.23
褐帘石	$Y_{1.2}Ce_{0.6}Ca_{0.3}Al_{2.25}Fe_3+$ $0.75(SiO_4)_3(OH)$	0.11	0.40	0.36
易解石	$Y_{0.6}Ca_{0.3}Fe_{0.1}Ti_{1.75}Nb_{0.25}O_5(OH)$	0.87	1.43	1.41
褐钇铌矿	$Nd_{0.3}Ce_{0.2}Fe_2+0.2La_{0.3}Nb_{0.8}Ti_{0.2}O_{3.6}$	0.00	0.02	0.03
总计		100.00	100.00	100.00

本 章 小 结

本章对稀土尾矿、磁选尾矿和磁选精矿进行了矿物工艺学讨论。分别研究了矿物组成成分、矿物单体解离度及连生关系、矿物粒度以及矿物中铁、稀土元素在矿物中的分布，具体结论如下：

（1）稀土尾矿经过强磁选后，主要矿物种类没有发生变化，但某些矿物的含量百分比发生相应的改变。其中，磁选尾矿中赤铁矿和磁铁矿含量由 30.01% 降至 9.12%，含铁硅酸盐矿物由 7.21% 增加至 9.61%，氟碳铈矿由 9.83% 增加至 11.28%，萤石由 17.58% 增加至 24.74%，重晶石由 8.63% 增加至 12.77%，黄铁矿由 6.09% 增加至 8.66%。

（2）稀土尾矿经过强磁选得到的磁选尾矿中，赤铁矿粒度在小于 15.77μm 范围内占比最大，为 14.25%。因此，磁选尾矿中赤铁矿的分散度最高。稀土尾矿经过强磁选得到的磁选尾矿中，赤铁矿的单体解离度由 71.62% 降至 63.82%，与稀土矿物的连生率由 6.94% 增至 9.03%。磁选尾矿中赤铁矿与稀土矿物连生率增加，有利于矿物间的联合-协同脱硝。

（3）稀土尾矿经过强磁选得到的磁选尾矿中，赤铁矿与磁铁矿中的铁含量由 81.38% 降至 50.71%，黄铁矿中的铁含量由 10.63% 增加至 31.00%，硅酸盐矿物（闪石、辉石等）的铁含量由 4.69% 增加至 14.38%，碳酸盐矿物（白云石等）的铁含量由 0.91% 增加至 1.23%。因此，磁选尾矿中的铁元素在碳酸盐矿物和硅酸盐矿物中的分布增加，即磁选尾矿中铁元素分散度最高。活性组分的高分散度有利于催化脱硝。

4 半焦直接脱硝实验

4.1 实验工况

在本章半焦脱硝实验中，将 150～180 目半焦颗粒送入立式管式炉中进行脱硝活性实验，半焦用量 0.5g，实验总空气量为 100mL/min，NO 通入量 1.2×10^{-3}，CO_2 通入量 15%，SO_2 通入量 1.5×10^{-3} 反应时间不少于 100min，具体实验变量见表 4-1。

表 4-1　半焦脱硝实验工况表

变　量	参　　数
实验温度/℃	400、450、500、550、600、650、700
O_2 浓度/%	0、3、6、9
CO_2 浓度/%	15
SO_2 浓度/10^{-6}	1500
NO 浓度/10^{-6}	1200

4.2　温度、氧含量对半焦脱硝的影响

图 4-1 为不同温度、氧浓度对半焦脱硝 NO 转化率及 N_2 选择性影响。由图 4-1 （a）可知在 400～700℃温度范围内，半焦 NO 转化率与反应温度关系密切，所有氧浓度下半焦 NO 转化率随反应温度的增大而增大。在 400～600℃温度范围内，半焦 NO 转化率随着氧浓度的增大而增大，而在 600～700℃温度范围内，6% 氧浓度情况下脱硝率最佳，证明在 600～700℃温度段内半焦催化脱硝存在一个最佳氧浓度值。但是在 400～600℃温度段内，不管氧浓度为多大，其 NO 转化率均低于 50%，说明半焦在中低温范围内，其自身脱硝率并不高。

由图 4-1 （b）可知在所有氧浓度下，半焦的 N_2 选择性整体上有着随温度的增大而增大的规律。但即使在最大实验温度 700℃时，半焦的 N_2 选择性仍未达到 100%。半焦随着氧浓度的增大，其 N_2 选择性整体呈现下降趋势，说明氧气浓度的不断增大会导致半焦的还原能力下降，半焦会更加亲和氧发生氧化反应。低温高氧浓度都不利于半焦还原脱硝反应。

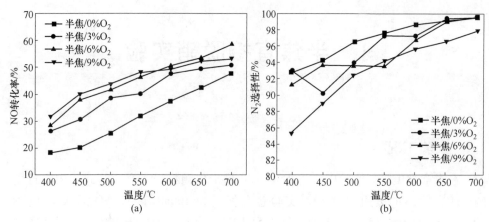

图 4-1　不同温度、氧浓度对半焦脱硝 NO 转化率及 N₂ 选择性影响

（a）半焦脱硝 NO 转化率；（b）半焦脱硝 N₂ 选择性

4.3　氧含量、反应时间对半焦脱硝的影响

如图 4-2 所示为不同氧浓度对半焦脱硝 NO 转化率及 CO 生成随时间变化的影响。如图 4-2（a）所示，500℃时半焦 NO 转化率随着氧浓度的增大而增大，且在实验时间 100 分钟内基本保持稳定，说明半焦在未改性情况下在实验时间内并不会因为自身的不断氧化导致脱硝效果不稳定。但即使在 9% 氧浓度下半焦 NO 转化率也仅仅为 43.9%。

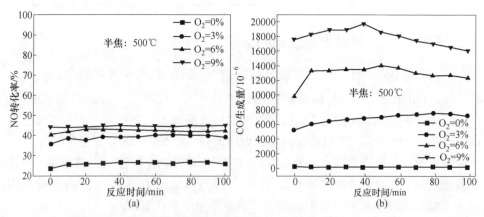

图 4-2　氧浓度对半焦脱硝 NO 转化率及 CO 生成随时间变化的影响

（a）半焦脱硝 NO 转化率；（b）半焦脱硝 CO 生成量

如图 4-2（b）所示，500℃时半焦的 CO 生成量随着氧浓度的增加而增大。当氧浓度从 0% 提升到 3% 时，半焦 NO 转化率提升趋势明显，此时 CO 生成量由 2×10^{-4} 迅速提升到均值 6.5×10^{-3}，且 3% 氧浓度下半焦 CO 生成量随着时间推移

缓慢增加。当氧浓度提升到6%时，CO生成量均值迅速提升到1.3×10^{-2}且此时CO生成量随着时间的推移有着先上升后下降的趋势。当氧浓度进一步提升到9%时，CO生成量均值提升至1.8×10^{-2}，此时CO生成量也是随着时间的推移有着先上升后下降的趋势。由以上说明半焦在未改性及贫氧条件下不仅脱硝率低而且CO生成量过大。

4.4 CO$_2$、SO$_2$对半焦脱硝的影响

图4-3为CO$_2$、SO$_2$对半焦脱硝NO转化率及CO生成的影响。如图4-3（a）所示，在反应气体中通入CO$_2$后，半焦的NO转化率明显下降。通入SO$_2$后，反应前30分钟，对半焦NO转化率有一定提升，但随着时间推移半焦NO转化率逐步下降。如图4-3（b）所示，在反应气体分别引入CO$_2$、SO$_2$后，都会使半焦的CO生成量增大，随着时间的推移CO生成量逐步下降。

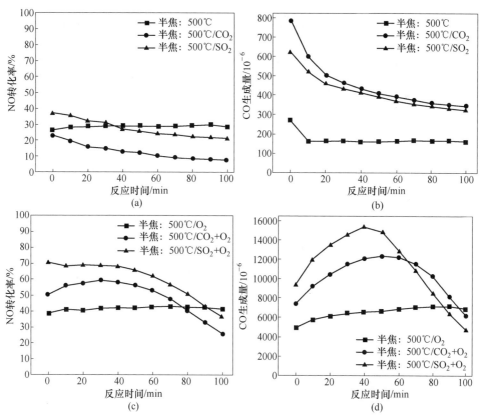

图4-3 CO$_2$、SO$_2$对半焦脱硝NO转化率及CO生成的影响

（a）0%O$_2$，半焦脱硝NO转化率；（b）0%O$_2$，半焦脱硝CO生成量

（c）3%O$_2$，半焦脱硝NO转化率；（d）3%O$_2$，半焦脱硝CO生成量

由图 4-3（c）可知，有氧条件下，引入 CO_2 在反应前 80 分钟会促进半焦还原 NO，但促进效果呈下降趋势，反应 80 分钟后会抑制半焦还原 NO。引入 SO_2 在反应前 90 分钟会促进半焦还原 NO，促进效果呈下降趋势，但引入 SO_2 促进半焦还原 NO 效果优于引入 CO_2。如图 4-3（d）所示，有氧条件下，引入 CO_2 和 SO_2 都会使半焦的 CO 生成量增大，且整体上看 SO_2 加剧半焦生成 CO 程度比 CO_2 更大。有氧条件下，引入 CO_2、SO_2 提升半焦的 NO 转化率。由于 CO_2、SO_2 的引入会导致半焦析出大量 CO，在浓度更高的还原性气氛下会促进还原反应进行。

本 章 小 结

本章对半焦进行脱硝活性实验，考察了各工况条件对半焦单独脱硝的 NO 转化率、N_2 选择性、CO 生成量的影响，得到具体结论如下：

（1）在 400~700℃ 温度内，所有氧浓度下，半焦脱硝率随温度的升高而升高；400~600℃ 温度内，半焦脱硝率随氧浓度增大而增大；600~700℃ 温度内，6% 氧浓度条件下半焦脱硝率最优。但是中低温范围内，半焦脱硝率并不高，均低于 50%。

（2）半焦 N_2 选择性随温度的增大而增大，随氧浓度增大而降低，低温高氧浓度均不利于半焦脱硝反应进行。

（3）半焦脱硝过程中 CO 生成量随氧浓度增大而增大，9% 氧浓度时，CO 生成量均值为 1.8×10^{-2}，远达不到安全排放要求。

（4）有氧条件下，分别引入 CO_2、SO_2 均会促进半焦脱硝，但也会促进半焦的 CO 生成。

5 稀土尾矿催化半焦脱硝实验

5.1 实验工况

半焦-尾矿联合脱硝实验研究中，将 150~180 目半焦颗粒和尾矿颗粒以分层方式送入立式管式炉中进行脱硝活性实验，半焦用量 0.5g，尾矿用量 1g，实验总空气量为 100mL/min，NO 通入量 12%，CO_2 通入量 15%，SO_2 通入量 15%，反应时间不少于 100min，具体实验变量见表 5-1。

表 5-1 稀土尾矿催化半焦脱硝实验工况表

变　量	参　数
实验温度/℃	400、450、500、550、600、650、700
O_2 浓度/%	0、3、6、9
CO_2 浓度/%	15
SO_2 浓度/10^{-6}	1500
NO 浓度/10^{-6}	1200
尾矿种类	稀土尾矿、磁选尾矿

5.2 温度、氧含量对稀土尾矿催化半焦脱硝的影响

如图 5-1 所示为不同温度、氧浓度对半焦-尾矿联合脱硝 NO 转化率及 N_2 选择性影响。在图 5-1（a）中，无氧条件下，将半焦与稀土尾矿、磁选尾矿分层布置

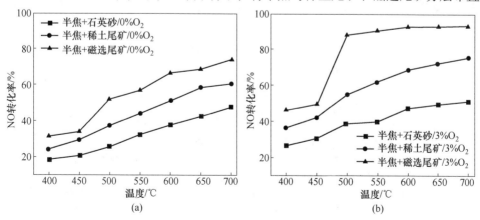

(a)　(b)

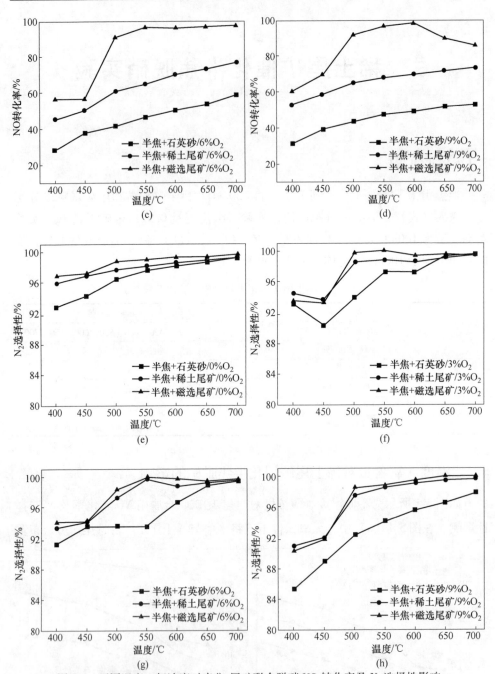

图 5-1　不同温度、氧浓度对半焦-尾矿联合脱硝 NO 转化率及 N_2 选择性影响

(a) $0\%O_2$，半焦-尾矿联合脱硝 NO 转化率；(b) $3\%O_2$，半焦-尾矿联合脱硝 NO 转化率；
(c) $6\%O_2$，半焦-尾矿联合脱硝 NO 转化率；(d) $9\%O_2$，半焦-尾矿联合脱硝 NO 转化率；
(e) $0\%O_2$，半焦-尾矿联合脱硝 N_2 选择性；(f) $3\%O_2$，半焦-尾矿联合脱硝 N_2 选择性；
(g) $6\%O_2$，半焦-尾矿联合脱硝 N_2 选择性；(h) $9\%O_2$，半焦-尾矿联合脱硝 N_2 选择性后，其联合脱硝的 NO 转化率均较半焦 NO 转化率有一定提升，且半焦-磁选尾矿联合脱硝 NO 转化率优于半焦-稀土尾矿联合脱硝 NO 转化率。半焦-稀土尾矿、半焦-磁选尾矿联合脱硝的 NO 转化率随着温度的提升而逐步提升，半焦-稀土尾矿联合脱硝 NO 转化率由 24.3% 提升至 60.5%，半焦-磁选尾矿联合脱硝 NO 转化率由 31.4% 提升至 73.8%。

在图 5-1（b）～（d）中，3%、6%、9% O_2 条件下，半焦-稀土尾矿联合脱硝 NO 转化率随着反应温度的提升而缓慢提升，且半焦-稀土尾矿联合脱硝 NO 转化率优于半焦 NO 转化率。而在同样氧气浓度条件下半焦-磁选尾矿联合脱硝 NO 转化率明显优于半焦-稀土尾矿联合脱硝 NO 转化率。3%、6% O_2 条件下，随着反应温度的提升，半焦与磁选尾矿联合脱硝 NO 转化率持续上升。450～500℃，其 NO 转化率有一个迅速提升的趋势，3% O_2 时由 49.4% 迅速提升至 88%，6% O_2 时由 57% 迅速提升至 91.5%。500～700℃，其 NO 转化率缓慢提升，3% O_2 时由 88% 提升至 93%，6% O_2 时由 91.5% 提升至 97%。9% O_2 条件下，随着反应温度的提升，半焦-磁选尾矿联合脱硝 NO 转化率有着先上升后下降的趋势，在 600℃ 时达到最佳 NO 转化率 98.6% 后逐步下降至 86%。分析 NO 转化率下降原因为氧浓度过大，反应温度过高时加剧半焦层的消耗导致磁选尾矿层有一定的氧气混入，从而导致磁选尾矿催化 CO 还原 NO 效率下降。

由此可知半焦-磁选尾矿联合脱硝可大幅度提升 NO 转化率，但对温度有一定的耐性，400～500℃ 提升幅度较小，500～700℃ 提升幅度较大。有氧条件下半焦与磁选尾矿联合脱硝存在一个最佳氧气浓度值 6%。

如图 5-1（e）所示，无氧条件下，随着温度的逐步升高，半焦-稀土尾矿联合脱硝以及半焦-磁选尾矿联合脱硝的 N_2 选择性逐步升高，且在实验温度范围 400～700℃，N_2 选择性：半焦-磁选尾矿联合脱硝>半焦-稀土尾矿联合脱硝>半焦脱硝。如图 5-1（f）～（h）所示，引入 3%、6%、9% 浓度的氧气后，随着温度的逐步升高，半焦-稀土尾矿联合脱硝以及半焦-磁选尾矿联合脱硝的 N_2 选择性逐步升高，且在实验温度范围 400～700℃，N_2 选择性：半焦-磁选尾矿联合脱硝>半焦-稀土尾矿联合脱硝>半焦脱硝，这与无氧条件下规律相同。在 550～700℃，氧气浓度 0%、3%、6%、9% 条件下半焦-稀土尾矿联合脱硝以及半焦-磁选尾矿联合脱硝的 N_2 选择性都可维持在 98% 以上。在 400～550℃，随着氧气浓度的增加，半焦-稀土尾矿联合脱硝以及半焦-磁选尾矿联合脱硝的 N_2 选择性逐步降低。半焦与两种尾矿联合脱硝的 N_2 选择性受半焦自身 N_2 选择性约束较大。

5.3　氧含量、反应时间对稀土尾矿催化半焦脱硝的影响

如图 5-2 所示为不同氧浓度对半焦-尾矿联合脱硝 NO 转化率及 CO 生成量随时间变化的影响。如图 5-2（a）所示，500℃ 时半焦-稀土尾矿联合脱硝的 NO 转

化率随着氧浓度的增大而增大，通入氧气后其 NO 转化率有较大幅度提升，并且随着时间的推移 NO 转化率保持稳定。由图 5-2（b）所示，半焦-稀土尾矿联合脱硝在氧浓度 0% 时，随着时间的推移其 CO 生成量基本保持稳定。而当通入氧气后，其 CO 生成量都有着随着时间的推移有着先下降后上升的趋势，但是随着氧浓度增大，其 CO 生成量却逐步下降。在通入氧情况下对比半焦脱硝时的 CO 生成量，半焦-稀土尾矿联合脱硝的 CO 生成量明显降低很多。

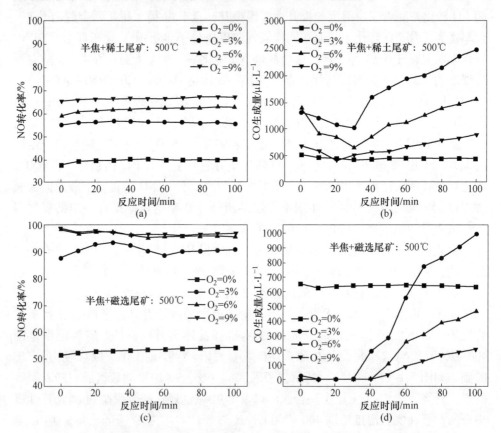

图 5-2　不同氧浓度对半焦-尾矿联合脱硝 NO 转化率及 CO 生成量随时间变化的影响
（a）半焦-稀土尾矿联合脱硝 NO 转化率；（b）半焦-稀土尾矿联合脱硝 CO 生成量；
（c）半焦-磁选尾矿联合脱硝 NO 转化率；（d）半焦-磁选尾矿联合脱硝 CO 生成量

如图 5-2（c）所示，500℃时半焦-磁选尾矿联合脱硝 NO 转化率随着氧浓度的增大而增大，通入氧气后其 NO 转化率有很大幅度提升。当氧浓度 0% 时，随着时间的推移，半焦-磁选尾矿联合脱硝 NO 转化率缓慢上升；当氧浓度 3% 时，随着时间推移，其 NO 转化率有一定波动，最终趋于稳定；当氧浓度 6%、9% 时，随着时间的推移，其 NO 转化率有略微下降趋势。如图 5-2（d）所示，半焦-磁选尾矿联合脱硝在氧浓度 0% 时，随着时间的推移其 CO 生成量基本保持稳定。而当通入氧气后，半焦-磁选尾矿联合脱硝在反应前半段都可维持一定时间的 CO 零生成量，且随着氧浓度的增大，维持 CO 零生成量时间会逐步增长，随着反应继续进行，CO 生成量逐步升高。在通入氧气情况下半焦-磁选尾矿联合脱硝 CO 生成量较半焦-稀土尾矿联合脱硝 CO 生成量降低很多。

5.4 CO₂、SO₂ 对稀土尾矿催化半焦脱硝的影响

CO_2 和 SO_2 是真实烟气中不可避免存在的组分。本节研究了 CO_2 和 SO_2 对半焦-稀土尾矿联合脱硝以及半焦-磁选尾矿联合脱硝的 NO 转化率及 CO 生成量影响，结果如图 5-3 所示。

如图 5-3（a）所示，在无氧条件下，引入 CO_2、SO_2 均会提升半焦-稀土尾矿联合脱硝的 NO 转化率，随着时间推移，NO 转化率略微下降。而且引入 CO_2 较 SO_2 提升半焦-稀土尾矿联合脱硝的 NO 转化率更加明显，引入 CO_2 后 NO 转化率均值达到 80.7%。如图 5-3（b）所示，无氧条件下引入 CO_2、SO_2 都会降低半焦-稀土尾矿联合脱硝的 CO 生成量，且引入 CO_2 抑制 CO 生成效果较引入 SO_2 时更好。

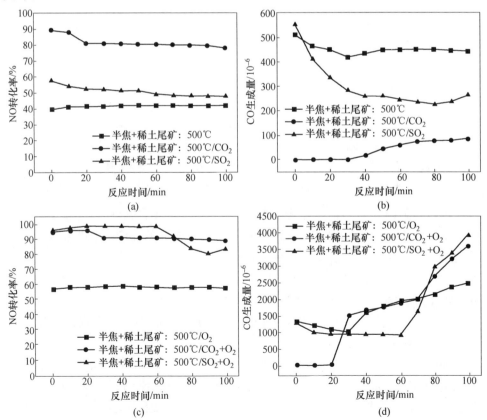

(a)

(b)

(c)

(d)

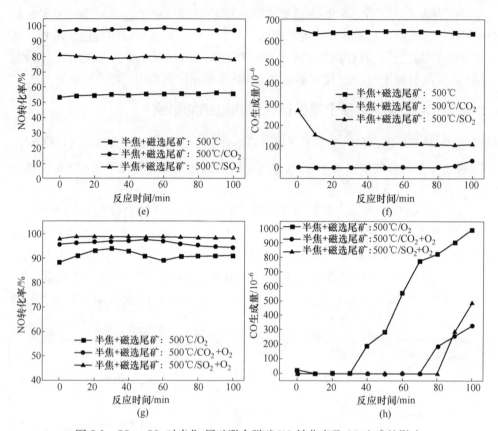

图 5-3　CO_2、SO_2对半焦-尾矿联合脱硝 NO 转化率及 CO 生成的影响

（a）0%O_2，半焦-稀土尾矿联合脱硝 NO 转化率；（b）0%O_2，半焦-稀土尾矿联合脱硝 CO 生成量；

（c）3%O_2，半焦-稀土尾矿联合脱硝 NO 转化率；（d）3%O_2，半焦-稀土尾矿联合脱硝 CO 生成量；

（e）0%O_2，半焦-磁选尾矿联合脱硝 NO 转化率；（f）0%O_2，半焦-磁选尾矿联合脱硝 CO 生成量；

（g）3%O_2，半焦-磁选尾矿联合脱硝 NO 转化率；（h）3%O_2，半焦-磁选尾矿联合脱硝 CO 生成量

　　由图 5-3（c）可知，在有氧条件下，引入 CO_2、SO_2均会大幅度提升半焦-稀土尾矿联合脱硝的 NO 转化率。引入 CO_2后，随着时间的推移，半焦-稀土尾矿联合脱硝的 NO 转化率会略微下降后保持稳定。引入 SO_2后，在反应前 60 分钟，NO 转化率优于引入 CO_2，稳定在95%以上，随着反应继续进行，NO 转化率有一定程度下降。由图 5-3（d）可知，有氧条件下，分别引入 CO_2、SO_2在反应前 70 分钟都会降低半焦-稀土尾矿联合脱硝的 CO 生成量，70 分钟后会促进半焦-稀土尾矿联合脱硝 CO 生成。

　　如图 5-3（e）所示，在无氧条件下，分别引入 CO_2、SO_2均会大幅度提升半焦-磁选尾矿联合脱硝的 NO 转化率，且随着时间推移，NO 转化率保持稳定。而且引入 CO_2较 SO_2提升半焦-磁选尾矿联合脱硝的 NO 转化率更加明显，引入 CO_2

后 NO 转化率稳定在 97% 以上。如图 5-3（f）所示，无氧条件下，分别引入 CO_2、SO_2 都会降低半焦-磁选尾矿联合脱硝的 CO 生成量，且引入 CO_2 抑制 CO 生成效果较引入 SO_2 时更好，基本可实现 CO 的零生成量。

如图 5-3（g）所示，有氧条件下，分别引入 CO_2、SO_2 均会使升半焦-磁选尾矿联合脱硝的 NO 转化率得到提升，且引入 SO_2 较 CO_2 提升半焦-磁选尾矿联合脱硝的 NO 转化率更加明显，引入 SO_2 后 NO 转化率稳定在 98% 以上。如图 5-3（h）所示，有氧条件下，分别引入 CO_2、SO_2 半焦-磁选尾矿联合脱硝在实验大范围时间内实现 CO 的零生成量。有氧条件下，引入 CO_2 可维持 70 分钟 CO 零生成量，引入 SO_2 可维持 80 分钟 CO 零生成量，两者均较仅通入氧气情况下维持的 CO 零生成量时间更长。

由以上分析可知，无氧条件下，分别引入 CO_2、SO_2 都会使半焦-稀土尾矿、半焦-磁选尾矿联合脱硝的 NO 转化率得到提升以及 CO 生成量得到降低，且引入 CO_2 时提升还原 NO 效果以及降低 CO 生成效果优于引入 SO_2 时情况。有氧条件下，分别引入 CO_2、SO_2 都会提升半焦-稀土尾矿、半焦-磁选尾矿联合脱硝的 NO 转化率，且引入 SO_2 时 NO 转化率优于引入 CO_2 时情况。有氧条件下，分别引入 CO_2、SO_2 情况下半焦-磁选尾矿联合脱硝基本可实现 CO 的零生成。无氧时分别引入 CO_2、SO_2 情况下以及有氧时分别引入 CO_2、SO_2 情况下，半焦-稀土尾矿联合脱硝与半焦-磁选尾矿联合脱硝均较半焦脱硝有着更高的 NO 转化率及更低的 CO 生成量，且半焦-磁选尾矿联合脱硝比半焦-稀土尾矿联合脱硝有着更高的 NO 转化率及更低的 CO 生成量。

本 章 小 结

本章为解决半焦脱硝时脱硝率低、CO 生成量过大的问题开展了半焦-尾矿联合脱硝实验，考察了各工况条件对半焦-尾矿联合脱硝的 NO 转化率、N_2 选择性、CO 生成量的影响，得到具体结论如下：

（1）半焦-尾矿联合脱硝的脱硝率在各实验工况下明显优于半焦单独脱硝的脱硝率，并且半焦与两种尾矿联合脱硝的脱硝效果也存在区别，半焦-磁选尾矿联合脱硝脱硝率优于半焦-磁选尾矿联合脱硝脱硝率。

（2）在 400~700℃ 内，半焦-磁选尾矿联合脱硝的脱硝率随温度的升高而升高。氧气的引入会明显提升半焦-磁选尾矿联合脱硝的脱硝效果，500℃ 开始，即可达到 90% 以上脱硝率。随着氧浓度的逐步增大，半焦-磁选尾矿联合脱硝脱硝率呈现先上升后下降趋势，6% 氧浓度时，脱硝率最佳，此氧浓度条件下脱硝率最高可达 98.6%。

（3）半焦与两种尾矿联合脱硝的 N_2 选择性都呈现相同的规律，即 N_2 选择性随温度升高而升高。在 550~700℃，各氧浓度下，半焦与两种尾矿联合脱硝 N_2

选择性均稳定维持在98%以上。半焦与两种尾矿联合脱硝的N_2选择性皆优于半焦单独脱硝的N_2选择性，但是联合脱硝N_2选择性受半焦自身N_2选择性约束较大。

（4）氧气的引入会增大半焦-稀土尾矿联合脱硝的CO生成量。但是氧气的引入会降低半焦-磁选尾矿联合脱硝的CO生成量，且随着氧浓度逐步增大，这种降低效果更加明显。

（5）有氧条件下，分别引入CO_2、SO_2均可提升半焦与两种尾矿联合脱硝的脱硝率，且引入SO_2比引入CO_2对联合脱硝的脱硝率提升更明显，这也说明半焦-尾矿联合脱硝不仅具备一定抗硫性，而且SO_2对其脱硝有促进作用。其中有氧条件下，引入SO_2时半焦-磁选尾矿联合脱硝脱硝率可稳定在98%以上。

（6）有氧条件下，分别引入CO_2、SO_2均可降低半焦与两种尾矿联合脱硝CO生成量，且磁选尾矿较稀土尾矿有更好的抑制CO生成的效果，半焦-磁选尾矿联合脱硝基本可以实现CO的零生成。

6 稀土尾矿催化还原 NO 的性能

<<<<<<<<<<<<<<<<<<<<<<<<<<<<<<<<<<<<<<<<<<<<<<<<<<<<<<<<<<<<<

本章根据稀土尾矿的矿物组成和工艺矿物学分析，对稀土尾矿里的赤铁矿单体和氟碳铈矿单体建立物理模型，分别研究了铁基氧化物、铈基氧化物、铈铁氧化物不同类型的催化剂催化半焦还原 NO 的性能。通过固定床反应器研究评价条件如反应温度、氧气含量、催化剂配比等实验条件对催化脱硝活性的影响，对比不同类型催化剂对半焦催化脱硝活性的影响，从而找出白云鄂博稀土尾矿催化活性的影响因素，以及稀土尾矿中具有催化脱硝活性的主要矿物成分。

6.1 研究方法

6.1.1 实验装置与样品

半焦作为低阶煤的热解产物在冶金工业有广泛的应用，本实验选取半焦作为实验样品，样品来自包钢生产现场。实验样品的工业分析、元素分析见表 6-1，稀土尾矿的化学组成见表 6-2。样品用标准筛筛分，粒度范围选取 $80 \sim 100 \mu m$。本文所采用的稀土尾矿来自包头市白云鄂博尾矿坝，为保证样品的均匀性，采用同一批采样，并进行充分混合均匀。经过干燥后过标准筛，筛选出粒径 $100 \sim 120 \mu m$ 的尾矿，每次实验时称取 0.5g 置于反应器中。

表 6-1 半焦元素分析及工业分析（质量分数）　　　　（%）

工业分析				元素分析				
空气干燥煤水分	空气干燥煤挥发分	空气干燥煤灰分	空气干燥煤固定碳	C	H	O	N	S
4.31	16.95	9.79	68.95	88.01	3.08	0.86	1.41	0.48

表 6-2 稀土尾矿的化学组成（质量分数）　　　　（%）

代学组成	Al_2O_3	SiO_2	MgO	Fe_2O_3	CaO	K_2O	TiO_2	Na_2O	Li_2O
质量百分比	1.55	12.87	4.416	11.32	28.44	0.711	0.67	1.40	0.010
化学组成	ZnO	MnO_2	PbO	CeO_2	La_2O_3	Nd_2O_3	BaO	ZrO	NbO
质量百分比	0.088	2.30	0.057	2.96	1.46	0.81	4.25	0.59	0.16

如图 6-1 所示，该实验系统包括四部分：供气装置、温度控制装置、固定床

反应器和烟气分析装置。供气系统可以提供 N_2、O_2、CO、NO 这四种气体，然后通过流量显示仪控制气体的流量。最终通入的气体在混气箱混合后，就由管路进入固定床反应器与其中的实验原料进行反应。温控系统能够保证本次试验在所需的温度内进行，最后通过烟气分析仪来检测反应过后的 NO、N_2O 等气体的浓度。

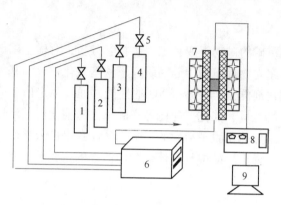

图 6-1　反应装置示意图

1—N_2；2—O_2；3—CO；4—NO；5—减压阀；6—混气箱；

7—竖式管式炉；8—烟气分析仪；9—计算机处理系统

　　四路气体（O_2，N_2，CO，NO）经由反应气体钢瓶供气，直径以 3mm 的不锈钢管路连接，经过流量计由供气系统混合而形成模拟烟气，其中 N_2 为平衡气，气体流量通过 D08-4E 型流量计控制。模拟烟气进入立式管式炉前要先经过混合器混合，待各种气体均匀混合确保进气浓度稳定。该混气装置，拥有 4 路进气分别连接 N_2、O_2、CO、NO 气体管道，并且拥有 4 个独立的显示器。可以精确控制本文实验中的进气量，而且进气量可以直观的显示，调节方便，能够快速地根据实验要求来做出准确的气体调节。该装置进气量稳定，不存在漏气的进气量不稳的状态。可保持流量长时间不变，提高了实验数据的准确性，减小了实验的误差。

　　采用额定温度 1600℃ 的立式管式炉，反应器为内径 12mm、长 1.2m 的石英管采用 1800 型号硅钼棒加热，立式管式炉的热电偶位于炉体的中下部，温度控制器位于管式炉左下角温度的控制精度为 ±1K，可以准确地设定控制时间温度的步骤，其中恒温段在 10cm 左右。混合气体由供气系统从反应器的下部通入炉体，参与反应后从上部出来进入烟气分析系统。烟气分析系统是由 GASMET 公司生产的 DX-4000 型具有强大分析能力的傅里叶变换红外光谱仪组成。该仪器可以同时分析中红外具有吸收的气体，傅里叶红外烟气分析仪可以通过传感器同时分析监测 CO、NO、CO_2、NO_x 等气体。终端与计算机连接相连可以实时记录数据，采样时间可以自己设定。本文在催化 CO 还原 NO 的实验中每隔 5s 自动记录一次数据，在半焦还原 NO 的实验中采用 20s 自动记录一次数据。

6.1.2 实验方法及数据处理

采用立式管式加热炉研究催化半焦脱硝性能，石英玻璃管的尺寸为直径 12mm，称量半焦 0.2g，稀土尾矿催化剂 0.1g，半焦与催化剂混合均匀铺在石英棉上，催化剂填料高度 10mm，上面再塞入一层石英棉。实验在实际烟气情况下，研究了尾矿催化剂催化半焦还原 NO 的效率。实际烟气气体成分与前面所述一致，改变 O_2 浓度（0%、2%、4%、6%、8%、10%）、温度（600℃、700℃、800℃），考察不同温度和氧气浓度下的催化剂催化脱硝的能力。检测催化剂在脱硝过程中的催化能力，找到最佳的反应温度和 O_2 含量下的脱硝率。

催化剂性能的检测，主要是对进气气体成分与出气气体成分进行分析，其中 CO 量、NO 量、NO_2 量、NO_x 总量和 N_2 选择性是主要分析对象。本次实验温度设为 600~800℃，总气量为 500mL/min，NO 浓度为 580μL/L，检测在该条件下半焦和稀土尾矿的脱硝率。

催化剂脱硝性能的检测以 NO 的转化率为准，其中 NO 转化率的计算公式为：

$$NC\ 转化率(\%) = \left(1 - \frac{\varphi_{out}(NO)}{\varphi_{in}(NO)}\right) \times 100\% \tag{6-1}$$

N_2 选择性的计算公式为：

$$N_2\ 选择性(\%) = \left(1 - \frac{2\varphi_{out}(N_2O)}{\varphi_{in}(NO) - \varphi_{out}(NO)}\right) \times 100\% \tag{6-2}$$

6.2 半焦直接还原 NO 的性能

实际的烟气成分非常复杂，存在着多种气体，这部分的研究内容中首先是利用半焦在有氧的条件下产生 CO 气体来模拟实际烟气气氛，利用催化剂催化半焦产生的 CO 还原 NO 最终实现脱硝的目的。由于 O_2 含量的不同，反应过程中生成的 CO 的量也不尽相同，温度也是影响 CO 生成量的重要因素。因此对于催化半焦脱硝过程中的 CO 生成量的分析研究是很有必要的。

如图 6-2 所示为 700℃ 不同 O_2 含量条件下 CO 浓度的曲线图。如图所示，在 0%~8% 的 O_2 含量范围内，先做了一组 O_2 为 0% 的空白对照实验。随着 O_2 浓度的增加，CO 浓度缓慢增加。15min 左右半焦的挥发分基本析出，CO 浓度逐渐降低。当 O_2 浓度为 8% 时，半焦很快析出挥发分，并与 O_2 迅速反应生成 CO，在 5min 左右达最高峰随后逐渐降低。氧气含量越高，CO 生成越快，甚至可以把 CO 氧化为 CO_2。根据实际烟气中 O_2 含量为 5%~10%，选取 5% 作为典型工况进行半焦还原 NO 性能实验。

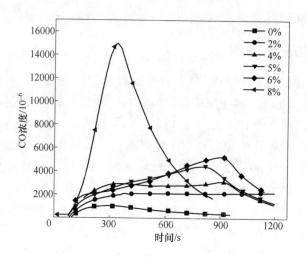

图 6-2　不同 O_2 含量条件下 CO 的生成量

6.2.1　温度对半焦还原 NO 性能的影响

温度对半焦还原 NO 性能影响实验在实际烟气情况下，研究了在 O_2 浓度为 5%工况下不同温度对半焦脱硝率的影响。以半焦为原料，温度为 700℃，气体总流量为 500mL/min，NO 浓度为 580μL/L，进行半焦直接脱硝实验研究。考察半焦在不同温度（600℃、700℃、800℃）对脱硝性能的影响。

如图 6-3 所示为温度对半焦脱硝过程中 NO_x 浓度变化曲线图，根据图示的数据可以看出半焦在参与脱硝的过程中，随着温度的增加 NO_x 浓度先降后升。在整个反应中，NO_x 浓度都是逐渐降低待反应完后其又恢复到原来的浓度。在 700℃时减到最低值 $2.3924×10^{-4}$，达到最高的脱硝率。

如图 6-4 所示为温度对半焦脱硝率比较曲线，根据图中所显示的数据分析，半焦在 600~800℃中还原 NO 的能力随温度的升高先增大随后减小。当 700℃时可以达到最佳的脱硝率，脱硝率为 58%。较高的温度促使 C(O) 官能团以 CO 和 CO_2 的形式分解，产生更多的活性物促进碳还原氮氧化物。在较高温度，CO_2 生成量很少，相反 CO 的生成量急剧增加，这是由于高温使 CO_2 与 C 反应生成 CO，CO 进而和 NO 反应提高脱硝能力。比较 600℃和 800℃时的性能曲线，两者的脱硝率相差不大均在 35%左右。可见温度是影响反应过程的重要因素，半焦对于温度的变化特别敏感，适当的温度会改变半焦的内部结构和理化性质，使其变得疏松，多孔更容易吸附，有利于为脱硝过程提供更多的反应空间。大的比表面积为 NO 的还原和生成 C(O) 络合物提供了反应场所。一定氧气浓度下温度越高，半焦析出 CO 的速率越快，但是温度过高可能会使其直接燃烧，迅速氧化生成 CO_2。

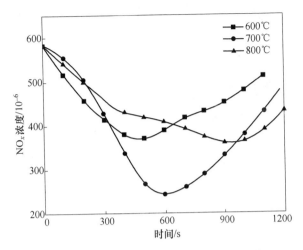

图 6-3　温度对半焦脱硝过程 NO$_x$ 浓度变化

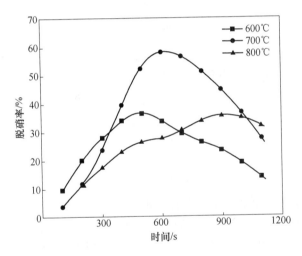

图 6-4　温度对半焦脱硝率比较

6.2.2　O$_2$含量对半焦还原 NO 性能的影响

O$_2$ 含量对半焦还原 NO 性能影响实验以半焦为原料，温度为 700℃，气体总流量为 500mL/min，NO 浓度为 580μL/L，进行半焦直接脱硝实验研究。实际烟气中是有 O$_2$ 的存在，这里模拟一种简化的实际烟气成分，考察一定温度下不同 O$_2$ 含量（0%、5%、8%、10%）对催化半焦脱硝性能的影响。

如图 6-5 所示为半焦直接还原 NO 在不同 O$_2$ 含量工况下的 NO$_x$ 浓度随时间变化曲线图，根据图中的数据显示，一定温度下随 O$_2$ 浓度增加检测到 NO$_x$ 浓度逐渐减小随后又上升。其中 5% 的含氧量，可以使 NO_x 浓度降低至 2.3924×10^{-4}，达到最佳的脱硝率。

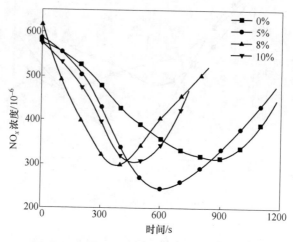

图 6-5　半焦在不同 O_2 含量的 NO_x 浓度变化

图 6-6 为半焦直接脱硝过程中不同 O_2 含量下的脱硝性能曲线图。从图中可以看出提高烟气中的 O_2 含量对半焦直接脱硝具有明显的促进作用，含氧量 5% 与 0% 的脱硝实验曲线相比，0% 的含氧量脱硝率为 44.88%，5% 的含氧量脱硝率可达到 56.77%。一定温度下，随着 O_2 含量的增加半焦的脱硝率呈现先增加后减小的趋势。结果表明，5% 含氧量条件下可以显著提高半焦脱硝率。随着半焦燃烧的进行，半焦表面化合物开始分解为 CO 和 CO_2，反应时间在 10min 左右时基本可以达到最高的脱硝率，随后半焦基本燃尽脱硝率降低。氧含量过低，产生的 CO 浓度过低，脱硝率较低；氧含量过高时会迅速将半焦气化，消耗大量的半焦，导致反应后期半焦不足以产生充足的 CO 从而抑制了碳的直接脱硝性能。碳直接还原 NO 反应作为异相反应，在碳原子表面发生物理吸附和化学反应生成中间产物 C-O 官能团。适当的氧气浓度能明显提高半焦表面的 C-O 官能团，增加热力学稳定的 C-O 官能团在半焦内的数量，从而提高半焦脱硝率。

半焦在 600℃、700℃ 和 800℃ 时相同氧浓度条件下，700℃ 催化脱硝性能最好，各个相同氧浓度下的催化脱硝率对比，700℃ 比 800℃ 和 600℃ 脱硝率高出 10% 以上。在同一温度条件下半焦催化脱硝率最高的是含有 5% 氧浓度条件下的脱硝。在温度为 700℃、氧含量为 5% 的条件下脱硝率最高，可以达到 58.65%。

在半焦直接还原 NO 的反应中，脱硝率同时受温度和氧含量的影响。随着温度的升高脱硝率不断上升，但是高温（大于 700℃）时半焦氧化剧烈，生成大量的 CO_2，脱硝率反而不是很高。较低的氧含量（小于 5%）虽然可以增加脱硝反应时间，但是由于产生的 CO 浓度较低无法提高脱硝率。随着 O_2 含量的增加半焦脱硝率也在上升，但是氧含量（大于 5%）过高时，会增加半焦氧化为 CO_2 的量，因此也无法提高脱硝率。

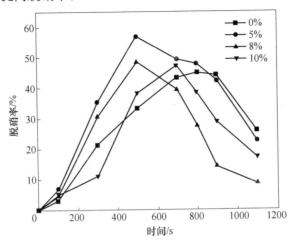

图 6-6　半焦在不同 O_2 含量的脱硝性能曲线

6.3　稀土尾矿催化半焦还原 NO 的性能

稀土尾矿催化半焦还原 NO 的性能研究实验将称量 0.2g 半焦与 0.1g 稀土尾矿混合均匀倒入管中，轻轻铺满装有石英棉的玻璃管中，填料高度为 1cm。再塞入一层石英棉，两者间隔 3cm，气体成分 NO 为 $5.8×10^{-4}$，N_2 为平衡气，研究了 700℃，5% 的 O_2 含量条件下稀土尾矿对催化半焦还原 NO 的性能。

图 6-7 所示为 NO_x 浓度随时间的变化曲线图，从图中我们知道稀土尾矿催化半焦脱硝比单独的半焦脱硝过程中 NO_x 浓度变化更大。图 6-8 为同样条件稀土尾

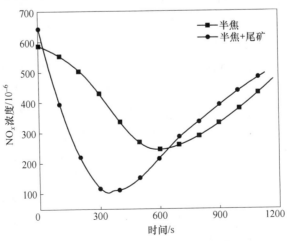

图 6-7　稀土尾矿对催化半焦脱硝过程 NO_x 浓度的变化

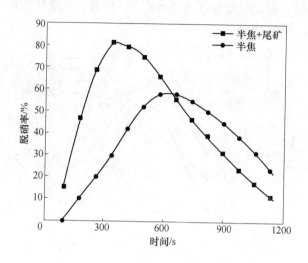

图 6-8　稀土尾矿对催化半焦脱硝的影响

矿与半焦共同作用的脱硝性能曲线与单独半焦脱硝性能曲线比较图。根据图6-7、图 6-8 显示，在 700℃，5%O_2工况下单独半焦脱硝过程中 NO_x 浓度最低可降低至 239.24μL/L，其对应的脱硝率为 58.26%；稀土尾矿与半焦共同脱硝过程中 NO_x 浓度最低可以降到 $1.13×10^{-4}$，与其对应的 NO 转化率可达到 81.45%。研究表明，稀土尾矿具有显著的催化效果，比单独半焦的脱硝率提高 23.19%。

6.3.1　温度对稀土尾矿催化脱硝性能的影响

如图 6-9 所示为添加 0.2g 半焦，5%O_2含量在不同温度对半焦和稀土尾矿共同作用下脱硝过程 NO_x 浓度的变化图。根据图中显示，不难发现稀土尾矿具有很强的催化能力，特别是在 600℃能将 NO_x 浓度降低至 $6×10^{-5}$，700℃能够降低至最低 $1.13×10^{-4}$，800℃则降低至最低 $1.02×10^{-4}$。

如图 6-10 所示为添加 0.2g 半焦，5%O_2含量条件下不同温度对半焦和稀土尾矿共同作用下脱硝性能的变化曲线，从图中可以看到随着温度的升高，稀土尾矿催化半焦的脱硝能力总体呈现先下降再升高的趋势。当温度在 600℃，稀土尾矿催化的脱硝率最高为 92.43%；700℃时，其脱硝率降低为 79.34%；800℃时，其脱硝率上升到 82.11%。总体来说，稀土尾矿催化半焦脱硝是比较稳定的，在 600~800℃范围内基本都能保持在 80% 以上的脱硝效果。其中稀土尾矿在 600℃ 的脱硝率比 700℃和 800℃的脱硝率高 10% 以上，说明稀土尾矿在较低温度下显现出了较好的催化性能。在较低温度，CO_2 生成量很少，CO 的生成量急剧增加，CO 进而和 NO 反应提高脱硝能力。

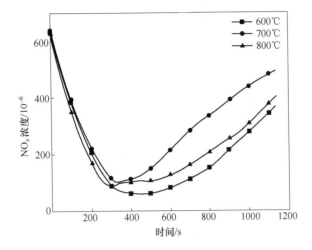

图 6-9　温度对稀土尾矿脱硝过程 NO$_x$ 浓度的影响

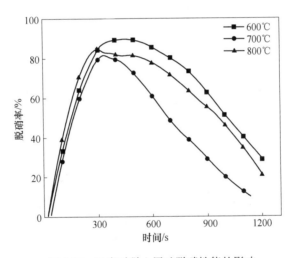

图 6-10　温度对稀土尾矿脱硝性能的影响

6.3.2　O$_2$ 含量对稀土尾矿催化脱硝性能的影响

　　如图 6-11 所示为 600℃ 不同 O$_2$ 含量对稀土尾矿催化脱硝过程中 NO$_x$ 浓度变化的曲线图。从图中可以看出氧含量为 2% 和 5% 时，脱除 NO$_x$ 浓度的最低值基本一致，最低可降至 8×10^{-5}，持续时间较长；当氧含量为 10% 时，最低可将 NO$_x$ 浓度降至 5.6×10^{-5}，但是持续时间很短。

　　如图 6-12 所示为 600℃ 不同 O$_2$ 含量对于稀土尾矿催化半焦脱硝过程中脱硝率的变化曲线。从图中可以看出，当氧含量为 2% 和 5% 时其差异很小，脱硝率最高分别为 89% 和 90%；当氧含量为 10% 时，稀土尾矿催化半焦脱硝最高效率可以达到92%，但是脱硝时间很短。氧含量过高时会迅速将半焦气化，消耗大量的半焦，导致反应后期半焦不足以产生充足的 CO 从而抑制了碳直接脱硝的性能。

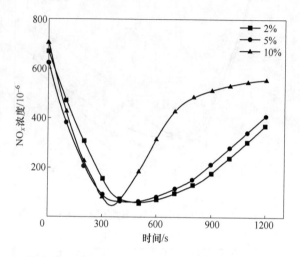

图 6-11　O_2 含量对稀土尾矿脱硝过程 NO_x 浓度的影响

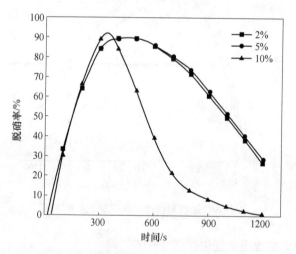

图 6-12　O_2 含量对稀土尾矿脱硝性能的影响

6.3.3　稀土尾矿催化脱硝的 N_2 选择性分析

如图 6-13 所示为 5% O_2 含量时稀土尾矿催化半焦脱硝在不同温度下的 N_2 选择性分析图。图中三条曲线分别代表了温度为 600℃、700℃、800℃的稀土尾矿催化剂的 N_2 选择性。综合分析图中三条曲线，根据曲线的变化我们可以得出：随着温度的升高 N_2 的选择性略微降低，其中 600℃时 N_2 选择性要高于 700℃和

800℃的 N_2 选择性。在整个反应过程中，N_2 选择性变化趋势明显，随着反应的开始稀土尾矿催化半焦脱硝过程中 N_2 选择性逐渐升高然后趋于平稳，随着反应的结束其选择性逐渐下降。

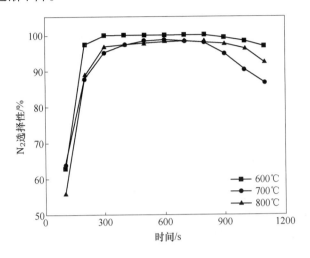

图 6-13　不同温度下稀土尾矿 N_2 选择性分析

综合 N_2 选择性曲线图的变化可以得出，N_2 选择性是与脱硝率密切相关的性能指标，在 N_2 的选择性中，其值越高也就意味着 NO 转化为 N_2 的能力越强。在稀土尾矿催化半焦脱硝过程中，脱硝率高时 N_2 选择性也高，说明 NO 气体向氮气的转化程度高。它与脱硝率的变化几乎一致。

6.4　稀土尾矿催化 CO 还原 NO 的性能

6.4.1　温度对稀土尾矿催化 CO 脱硝性能的影响

在进行尾矿催化 CO 还原 NO 的实验之前，我们对 CO 直接还原 NO 的能力进行了研究，结果如图 6-14 所示，随着温度的升高（从室温至 900℃），NO 的量略有降低（小于 2%），但总的来说在不添加任何催化剂时 CO 很难直接和 NO 发生反应。

本实验在模拟烟气情况下，研究了稀土尾矿催化剂的脱硝率。模拟烟气气体成分与上述一致，考察稀土尾矿催化剂在不同温度（500℃，600℃，700℃，800℃，900℃）对脱硝性能的影响。

如图 6-15 所示为稀土尾矿在不同温度 NO_x 浓度变化图，从图上可以看出，CO 浓度一定的条件下，从 NO_x 的浓度变化可以看出，随着温度的升高，稀土尾矿的脱硝率逐渐增大。其中 500℃时的尾矿的最高脱硝率为 30.8%，600℃时的尾矿的最高脱硝率为 60%，700℃时的尾矿的最高脱硝率为 83.5%，800℃时的尾

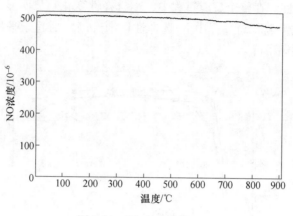

图 6-14　CO 直接还原 NO

矿的最高脱硝率为 97.8%，900℃时的尾矿的最高脱硝率为 98.1%。温度的升高，催化剂的 NO 转化率逐渐增大，说明较高的温度对催化反应过程有利。另外，随着温度的升高，稀土尾矿的脱硝反应也更加快速，其中 500℃时尾矿的反应响应时间为 400s，600℃时尾矿的反应响应时间为 300s，700℃时尾矿的反应响应时间为 200s，800~900℃时尾矿的反应响应时间也在 200s 左右。

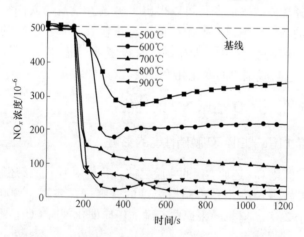

图 6-15　不同温度下添加稀土尾矿后 NO_x 浓度变化

　　从图 6-16 中可以得出，在 CO∶NO 为 4∶1 时，从 500~900℃，添加尾矿都能催化 CO 还原 NO。当在 500℃时，NO 的转化率只有 30.8%，随着温度的升高 NO 的转化率也随之增大，当温度达到 800℃时达到 97.8%，随着温度的继续升高至 900℃时 NO 的转化率基本稳定，达到 98.1%，分析其原因为在 800~900℃时尾矿在该工况下具有最高的催化活性。从微观的角度来讲，当温度较低时，尾矿中活性物质分子的热运动并不活跃，不利于催化反应的进行，随着温度的升高，催化剂分子的结构被激发，有利于催化剂活性的发挥。从上述结果中可以看出，尾矿可以有效地催化 CO 还原 NO，而且随着温度的增加 NO 的转化率也逐渐增加，当温度为 800~900℃ 时，尾矿在该工况下达到最高活性。此外，温度越高，尾矿对该反应的响应也越快。

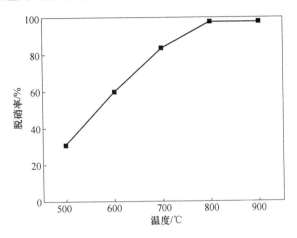

图 6-16　不同温度下添加稀土尾矿后 NO 的转化率

6.4.2　CO∶NO 对稀土尾矿催化 CO 脱硝性能的影响

　　CO∶NO 对稀土尾矿催化 CO 脱硝性能影响的实验在简化的模拟烟气情况下，研究了不同 CO∶NO 下稀土尾矿的脱硝率。模拟烟气的实验气体总流量每轮实验保持不变，总量为 500mL/min，模拟烟气气体成分配比为：NO 的气体浓度为 5×10^{-4}，改变 CO 的浓度（CO∶NO=2∶1、4∶1、6∶1、8∶1），考察 CO/NO 不同比例对稀土尾矿脱硝性能的影响。

　　如图 6-17 所示为稀土尾矿催化剂在不同 CO/NO 比例的脱硝率分析图。从图中可以看出，一定温度下，随着 CO 浓度的增加稀土尾矿催化剂脱硝率先升高后降低，其中 CO∶NO=2∶1 时的稀土尾矿催化剂的最高脱硝率为 87.6%，CO∶NO=4∶1时的稀土尾矿催化剂的最高脱硝率为 99.7%，CO∶NO=6∶1时的稀土尾矿催化剂的最高脱硝率为 98%，CO∶NO=8∶1 时稀土尾矿催化剂的最高脱硝率为 97.6%。随着 CO∶NO 的增大，稀土尾矿催化剂的 NO 转化率先升高后下降，说明 CO 过量并不能对 NO 转化率的提高起到太大的作用。当 CO∶NO=4∶1时达到最佳，最佳 NO 转化率为 99.7%。

6.4.3　O_2 含量对稀土尾矿催化 CO 脱硝性能的影响

　　O_2 含量对稀土尾矿催化 CO 脱硝性能影响实验在简化的模拟烟气条件下，研

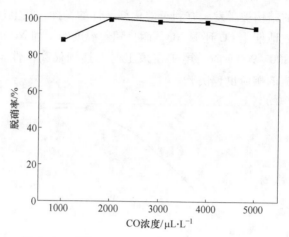

图 6-17　不同 CO∶NO 比例下的稀土尾矿脱硝率

究了 O_2 含量对稀土尾矿脱硝率的影响。模拟烟气的实验气体总流量每轮实验保持不变，取量为 500mL/min，模拟烟气气体成分配比为：CO 气体浓度 $5×10^{-4}$，NO 的气体浓度为 $2×10^{-3}$。改变 O_2 的含量（0%、0.5%、1%、1.5%、2.0%），考察 O_2 含量对稀土尾矿脱硝性能的影响。

如图 6-18 所示为稀土尾矿在不同 O_2 含量下的 NO_x 浓度变化图，从图中可以看出，当温度一定时，随着 O_2 含量的增加，稀土尾矿的脱硝率急剧下降。其中 O_2 含量为 0%时稀土尾矿的最高脱硝率为 99.7%，O_2 含量为 0.5%时稀土尾矿的最高脱硝率降为 7.6%，O_2 含量为 1%时稀土尾矿的最高脱硝率降为 4.4%，O_2 含量为 1.5%时稀土尾矿的最高脱硝率降为 2.1%，O_2 含量为 2%时稀土尾矿的最高脱硝率降为 1.5%。随着 O_2 含量的增大，稀土尾矿催化剂的 NO 转化率急剧下降，对催化反应过程非常不利。另外，随着 O_2 含量的增加，稀土尾矿的失活也更加快速，其中 O_2 含量为 0.5%时稀土尾矿的失活时间为 1000s，NO_x 的转化率达到 96%之后逐渐下降，1000s 之后 NO_x 转化率达到了 5%。O_2 含量为 1%时稀土尾矿的失活时间为 400s，NO_x 的转化率达到 94%之后急剧下降，400s 之后 NO_x 转化率达到 5%。O_2 含量为 2%时稀土尾矿的失活时间为 300s，NO_x 的转化率达到 30%之后时逐渐下降，300s 之后 NO_x 转化率达到 5%。

如图 6-19 所示为稀土尾矿催化剂在不同 O_2 含量的 NO 转化率分析图。从图中可以看出，随着 O_2 含量的增加，稀土尾矿催化剂的脱硝率急剧降低。一定温度下，随着 O_2 的加入，稀土尾矿催化剂失去催化活性，其中 O_2 含量为 0%时的稀土尾矿催化剂的最高脱硝率为 99.7%，O_2 含量为 1%时的稀土尾矿催化剂的最高脱硝率降为 4.4%，O_2 含量为 2%时的稀土尾矿催化剂的最高脱硝率降为 1.5%。O_2 的加入使得 CO 被 O_2 氧化成 CO_2，NO 的转化缺少还原剂，稀土尾矿的催化脱硝作用无法显现。说明稀土尾矿的催化脱硝作用需要在还原气氛下才能发挥，氧

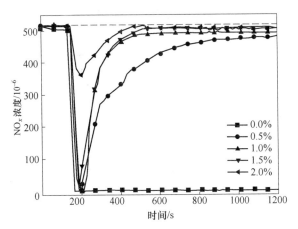

图 6-18 稀土尾矿在不同 O_2 含量下 NO_x 浓度变化

化性气氛不能对 NO 转化率的提高起到作用，对稀土尾矿催化脱硝是不利的。

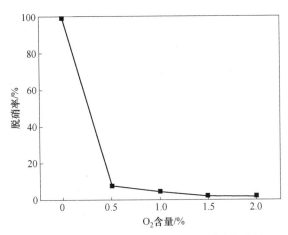

图 6-19 稀土尾矿在不同 O_2 含量下脱硝率分析

6.4.4 CO_2/SO_2 对稀土尾矿催化 CO 脱硝性能的影响

如图 6-20 所示为 800℃时 CO_2 对稀土尾矿催化剂脱硝性能的影响，从图中可以看出，虽然 CO_2 对稀土尾矿脱硝性能的影响不大，但是随着 CO_2 含量的增大，稀土尾矿脱硝率有所下降。CO_2 含量为 0%时，稀土尾矿的催化脱硝率为 99.7%，CO_2 含量为 4%时，稀土尾矿的催化脱硝率为 98.7%，CO_2 含量为 8%时，稀土尾矿的催化脱硝率为 98.9%，CO_2 含量为 12%时，稀土尾矿的催化脱硝率为 99%，CO_2 含量为 16%时，稀土尾矿的催化脱硝率为 97.8%，CO_2 含量为 20%时，稀土尾矿的催化脱硝率为 96.3%。总体而言，低含量（小于 15%）的 CO_2 对稀土尾矿的影响在 1% 以内，高含量（大于 15%）的 CO_2 对稀土尾矿催化剂的影响在 5% 以内，CO_2 对稀土尾矿的失活没有太大影响。

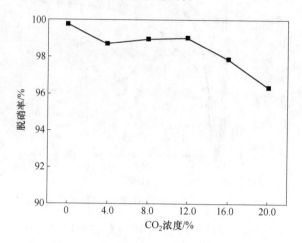

图 6-20　CO_2 含量对稀土尾矿催化脱硝性能的影响

如图 6-21 所示为 800℃时 SO_2 对稀土尾矿催化脱硝性能的影响，从图中可以看出，虽然 SO_2 对稀土尾矿脱硝性能的影响不大，但是随着 SO_2 含量的增大，稀土尾矿脱硝率有所下降。SO_2 含量为 0% 时，稀土尾矿的催化脱硝率为 99.7%；SO_2 含量为 $5×10^{-4}$ 时，稀土尾矿的催化脱硝率为 99.4%；SO_2 含量为 $1×10^{-3}$ 时，稀土尾矿的催化脱硝率为 99.3%；SO_2 含量为 $(1.5～2.5)×10^{-3}$ 时，稀土尾矿的催化脱硝率为 98.9%。总体而言，SO_2 对稀土尾矿的失活没有太大影响。

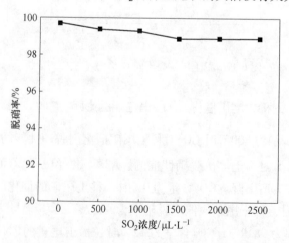

图 6-21　SO_2 含量对稀土尾矿催化脱硝性能的影响

本 章 小 结

本章分别以稀土尾矿作为半焦脱硝和 CO 还原脱硝的催化剂,讨论稀土尾矿催化半焦/CO 还原 NO 的脱硝性能。在不同温度,不同 CO∶NO 比例工况下开展了稀土尾矿催化 CO 还原 NO 的烟气脱硝性能;开展稀土尾矿催化半焦脱硝的性能实验,在不同温度和不同 O_2 含量下考察催化脱硝性能的变化。

在半焦直接还原脱硝的实验中,随温度和 O_2 含量的增加半焦脱硝效率表现出了先增高后降低的变化趋势;在 700℃,5%O_2 情况下取得了最高的半焦脱硝效率 58%。在此基础上,添加稀土尾矿作为催化剂脱硝率提高了 23%,达到了81%的脱硝效率,同样的工况下尾矿的脱硝能力强于半焦的脱硝能力。在尾矿催化半焦脱硝的实验中,600℃、O_2 含量 5% 条件下就达到最高的脱硝效率 92.43%。

在催化 CO 还原 NO 的实验中稀土尾矿催化剂的脱硝效率随着温度的增大而先升高后又逐渐减小;随 CO∶NO 比值增加也出现脱硝效率先增大后减小的现象。稀土尾矿在 700℃,CO∶NO=2∶1 时达到最佳的脱硝效率 76.44%。

7 稀土尾矿中单体矿相的协同催化作用

<<<<<<<<<<<<<<<<<<<<<<<<<<<<<<<<<<<<<<<<<<<<<<<<<<<<<<<<<<<<<<<<<<<<<<<<<<<

燃烧烟气中一般含有 5%~10% 的氧气，在碳还原 NO_x 的同时，碳与氧也会发生反应，产生 CO 气体。CO 气体也是一种污染性气体，若能用 CO 还原 NO，则可以在 NO_x 减排时降低产物气体中的 CO 生成量，同时提高 NO 的还原率，将会是半焦还原脱硝技术的又一大优势。因此，本章主要研究稀土尾矿催化 CO 还原 NO 的性能。

7.1 研究方法

7.1.1 实验装置与样品

催化剂性能检测实验装置主要由以下三部分构成，即配气装置、加热装置和气体分析装置。配气系统包括各种气体的气瓶（N_2、O_2、CO、NO）、混气箱和流量控制器。实验使用一氧化碳（CO）、氧气（O_2）、一氧化氮（NO）模拟烟气，氮气（N_2）为平衡气，尽可能达到与电厂烟气相近的成分。其中流量计可以准确地控制气体的流量，调节各种气体流速，配平各种气体比例。加热系统主要由立式管式加热炉组成，气体分析系统包括傅里叶红外气体分析仪和烟枪。气体分析仪是整个实验的关键设备之一。气体分析仪是利用气体传感器来检测分析环境中的气体成分，传感器将接收到的气体转化为电信号然后通过接收器将所测到的电信号反馈给计算机软件，最后直观地显示出来。

气体检测流程图如图 7-1 所示，实验开始之前先将各气瓶阀门打开，让各气体通过管道进入混气箱中，在混气箱内充分混合，这样就得到了模拟烟气气体成分的实验气体。供（混）气箱是将各种气体充分混合后连续、均匀的将混合气体输出至立式管式加热炉的关键设备。然后接通加热炉的电源并设定好立式管式加热炉的加热温度，升温速率为 10K/min。在加热炉升温加热过程中，要一直通入反应气体，以便排出设备管路中的空气，使加热段始终保持实验气体氛围。在 CO 催化还原 NO 的实验中：取干净玻璃管和石英棉若干，将干净的石英棉揉成团后塞入玻璃管中下部。所塞入的石英棉不宜过多，应以刚好拖住催化剂为准。用电子天平称取催化剂 1g，倒入玻璃管中。其他操作如上所述，在这里不再赘述。

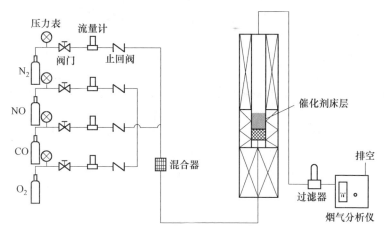

图 7-1 气体检测流程图

7.1.2 实验方法及数据处理

实验总气体流量为 500mL/min，NO 的浓度为 5×10^{-4}，按照碳氮比的不同调节 CO 的浓度，CO：NO = 2：1（1×10^{-3} 的 CO）、CO：NO = 4：1（2×10^{-3} 的 CO）、CO：NO = 6：1（3×10^{-3} 的 CO），CO：NO = 8：1（4×10^{-3} 的 CO），最后用 N_2 作为平衡气。将立管炉以 10℃/min 的升温速率从室温加热到实验温度 500℃、600℃、700℃、800℃、900℃，并用傅里叶红外光谱烟气分析仪进行在线监测，达到实验温度及气氛处于稳定状态时记下 NO 的值，记为 $\varphi_{in}(NO)$，将样品按上述填料方式置于内管后放入炉内并密封好，采用傅里叶红外光谱烟气分析仪和计算机采集数据系统对 CO 和 NO 的变化进行在线测量，待反应后的气体浓度曲线趋于稳定时的数值记为 $\varphi_{out}(NO)$。本实验以 NO 的催化还原效率作为催化剂活性的具体指标，NO 的催化还原效率的公式为：

$$\eta = \frac{c_{入口} - c_{出口}}{c_{入口}} \times 100\% \tag{7-1}$$

式中 η——脱硝率，%；

$c_{入口}$——立式管式炉入口 NO 浓度，单位 10^{-6}；

$c_{出口}$——立式管式炉出口 NO 浓度，单位 10^{-6}。

催化剂脱硝性能的检测以 NO 的转化率为准，其中 NO 转化率的计算公式为：

$$NO 转化率(\%) = \left(1 - \frac{\varphi_{out}(NO)}{\varphi_{in}(NO)}\right) \times 100\% \tag{7-2}$$

7.2 稀土尾矿中单体矿相的物理模型

白云鄂博矿床矿物种类繁多，已发现 170 多种矿物，含有 73 种元素。白云鄂博矿床中各种矿物在不同的矿石中形成各种各样的结构特征，这些矿物常紧密共生在一起，与脉石相互穿插、互相包裹，形成难以解离的结构关系。这些矿物粒度微细，其中铁矿物为 $50 \sim 40 \mu m$；稀有、稀土矿物更细小，为 $70 \sim 10 \mu m$，而 $43 \sim 10 \mu m$ 者占 $82.9\% \sim 88.6\%$；铌矿物仅为 $50 \sim 10 \mu m$；与稀土矿物伴生的方解石、磷灰石、白玉石和重晶石等矿物的嵌布粒度则与稀土矿物大致相似。

根据稀土尾矿中矿物单体解离度及连生关系，萤石在稀土尾矿中的解离度较高，铁矿物在各粒级中很少出现完全解离的单体，大部分颗粒对铁矿物的解离度低于 20%；稀土矿物则在细粒级中更多以单体形式存在[106]。因此将稀土尾矿中的矿相分为单体解离矿相和连生体矿相两类。其中单体解离矿相包含铁矿物、稀土矿物、萤石等矿物，根据前面的文献调研分析，其中具有高温催化脱硝活性的金属氧化物主要为过渡金属氧化物和稀土金属氧化物。因此稀土尾矿中具有催化脱硝活性的矿物为铁矿物和氟碳铈矿。

白云鄂博稀土尾矿中含铁矿物主要为赤铁矿（Fe_2O_3），76% 左右的铁存在于赤铁矿中，其他铁存在于磁铁矿、褐铁矿、黄铁矿等矿物中。赤铁矿中主要含铁矿物为 Fe_2O_3，其中铁占 70%，氧占 30%，常温下弱磁性。白云鄂博矿通过磁选工艺进行选铁，铁矿石经磁选得到铁精矿，主要成分为磁铁矿。同时产出磁选尾矿，主要成分为赤铁矿。所以对稀土尾矿中的赤铁矿建立物理模型为氧化铁（Fe_2O_3）。

稀土尾矿中稀土元素主要存在于氟碳铈矿和独居石中。稀土尾矿中独居石的质量分数为 2.74%，独居石的化学组成为磷酸稀土，化学式为 $RePO_4$，属于轻稀土型，主要以铈为主，热稳定性好，高温下不具有催化活性。氟碳铈矿为铈氟碳酸盐矿物，常和一些含稀土元素的矿物生长在一起，如褐帘石、硅铈石、氟铈矿等，是具有重要工业价值的铈族稀土元素（轻稀土）矿物，属氟碳酸盐类型。稀土尾矿中氟碳铈矿的含量为 4.5%，氟碳铈矿是稀土的氟碳酸盐矿物，其化学式可表示为 $ReFCO_3$，其中 ReO 的质量分数为 74.77%，主要含铈族稀土，氟碳铈矿受热易分解，生成稀土氧化物 ReO。根据对氟碳铈矿的化学成分分析[106]，氟碳铈矿与过渡金属 Fe、碱土金属（Ca、Ba）、碱金属（K、Na）等元素共生，根据前面的文献分析，具有高温催化脱硝活性的金属氧化物主要为过渡金属氧化物和稀土金属氧化物，所以对氟碳铈矿分解后的矿相建立物理模型为掺杂铁的铈铁复合氧化物 $(Ce\text{-}Fe)O_x$。

7.3　单体矿相模型催化 CO 还原 NO 的性能

7.3.1　铁基氧化物催化 CO 还原 NO 的性能

7.3.1.1　Fe_2O_3 催化 CO 还原 NO 性能实验

Fe_2O_3 催化 CO 还原 NO 性能实验在模拟烟气的气氛下，研究了不同温度、碳氮比条件下 Fe_2O_3 催化 CO 还原 NO 脱硝率的分析。在本实验中，通入模拟烟气的总流量为 $500mL/min$。所通入的气体有 NO、CO、N_2，其中 N_2 的作用是作为平衡气。该实验中所选的温度有五组，分别为 $600℃$、$650℃$、$700℃$、$750℃$、

800℃；CO 与 NO 的浓度比分别为 1∶1、2∶1、3∶1、4∶1。

　　如图 7-2 所示是单独负载氧化铁催化剂在四种 CO/NO 条件下的脱硝率分析图。根据图中的数据可以知道：在 NO 初始浓度不变且在同一温度的反应过程中，随着反应过程中 CO 与 NO 浓度比值的增大，反应中 CO 的脱硝率逐渐增大，尤其是在 CO∶NO ＝1∶1 到 2∶1 的反应过程中尤为明显。但是在 CO∶NO ＝ 3∶1 到 4∶1 反应过程中，这种脱硝率的变化已不是太明显，两种情况下在同一温度的脱硝率相差很小。这是因为通过提高 CO∶NO 时增加了 CO 的流量，从而提高了反应物 CO 的初始浓度，所以加强了脱硝反应的程度。虽然提高反应物 CO 的初始浓度可以促进脱硝反应的进行，但是根据图中的数据可以看到在 CO∶NO ＝ 4∶1 时，脱硝的效果相比于 CO∶NO ＝3∶1 时已经不再有大幅度的提高。对于 Fe_2O_3 的催化脱硝过程而言，在一定 NO 初始浓度和温度的条件下，此时虽然增加了 CO 的浓度，但 CO 浓度已经处于过饱和的状态，所以即使 CO 浓度很高，对于脱硝反应也不会有很好的促进作用。从脱硝的效率上可以明显看到，温度为 700℃且 CO∶NO ＝1∶1 时的最高脱硝率可以达到 30%。CO∶NO ＝2∶1 时的最高脱硝率可以达到 47%。CO∶NO ＝ 3∶1 时的脱硝率是最高的，脱硝率能达到 62%。CO∶NO ＝4∶1 时的最高脱硝率可以达到 58%。

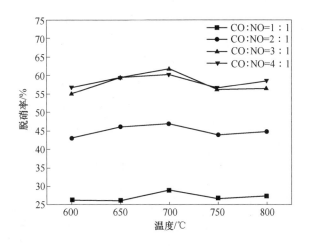

图 7-2　氧化铁催化剂脱硝率分析

　　从脱硝率分析图中可以看到：四条曲线在 600~800℃的温度区间中，脱硝率先提高而后降低。在 600~700℃的温度区间中，脱硝率一直增长，在 700℃的时候达到脱硝率的最大值；然后在 700~750℃的温度区间中，脱硝率开始下降；在 750~800℃的温度区间中，脱硝率经历一个增长过程，但是这个过程增长的幅度很小。从 600~700℃温度区间的脱硝率来看，Fe_2O_3 催化脱硝的最佳工作温度还在提高；从 700~800℃的脱硝率来看，在同一个 CO/NO 且 NO 初始浓度一定的条件下，700℃是该条件下的最佳工作温度。在750~800℃的温度区间中，脱硝率会出现一个小的增长阶段，氧化铁作为催化剂在这个温度区间里受到高温的破坏，从而它的稳定性受到了影响，所以在实验的最后阶段它的催化脱硝率会出现一个波动的现象。

7.3.1.2　Fe-Ce 氧化物催化 CO 还原 NO 性能实验

Fe-Ce 氧化物催化 CO 还原 NO 性能实验在模拟烟气的气氛下，研究了不同温度、CO∶NO 下 Fe-Ce 氧化物催化 CO 还原 NO 的脱硝率。在本实验中，通入模拟烟气的总流量为 500mL/min，通入的气体有 NO、CO、N_2，其中 N_2 是作为平衡气。该实验中所选的温度有五组，分别为 600℃、650℃、700℃、750℃、800℃。通入气体中 CO 与 NO 的比例有四组，分别为 1∶1、2∶1、3∶1、4∶1。这组实验选用的催化剂为 Fe-Ce(9∶1) 氧化物。

如图 7-3 所示是负载 Fe-Ce 氧化物催化剂在四种 CO∶NO 条件下的脱硝率分析图。根据图中的数据可以知道：在 NO 初始浓度不变且在同一温度的反应过程中，随着反应过程中 CO 与 NO 浓度比值的增大，反应过程中 NO 的脱除率也在提高。通过提高 CO 与 NO 的浓度比值，其实就是提高了反应还原物 CO 的初始浓度，在其他条件不变的情况下，会使整个脱硝反应的效率提高。与前面 Fe_2O_3 催化脱硝反应不同的是 Fe-Ce 氧化物催化脱硝反应在温度较高时，CO∶NO=3∶1 时的脱硝率与 4∶1 时的脱硝率相差较大，可见 Fe-Ce 氧化物的催化作用还是有别于单一的催化剂氧化铁。与氧化铁催化脱硝的总体效率对比，可以看到 Fe-Ce 氧化物的催化效率更高。除此之外，从 Fe-Ce 催化脱硝的效率曲线上可以明显看到：温度为 700℃，CO∶NO=1∶1 时，此时的最高脱硝率可以达到 40%。CO∶NO=2∶1 时，此时的最高脱硝率可以达到 43%。CO∶NO=3∶1 时，此时的最高脱硝率可以达到 58%。CO∶NO=4∶1 时，催化脱硝的效果是最好的，此时的脱

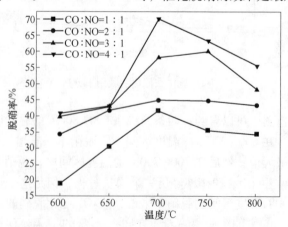

图 7-3　铁铈氧化物催化剂脱硝率分析

硝率能达到 70%。

从上面的脱硝率分析图中可以看到：四条曲线在 600~800℃的温度区间中，脱硝率经历的是一个先提高而后降低的过程。对于 CO：NO 分别为 1：1 和 3：1 的实验，具体的过程就是在 600~750℃的温度区间中，脱硝率一直提高；然后从 750~800℃的过程中脱硝率一直降低。这两个 CO：NO 的实验，750℃是该实验的最佳脱硝率对应的温度。对于 CO：NO 分别为 2：1 和 4：1 的实验，具体的过程就是在 600~700℃的过程中，实验的脱硝率一直提高；然后从 700~800℃的过程中，实验的脱硝率开始降低。对于这两个 CO：NO 的实验，700℃是最佳脱硝率对应的温度。

氧化铁和 Fe-Ce 氧化物的催化脱硝率与 CO：NO 的关系是：随着 CO：NO 的增大，各温度下的脱硝率也增大。催化脱硝率与温度的关系是：随温度的升高，催化脱硝率先增加后减少。氧化铁在 CO：NO=3：1，温度为 700℃的时候达到了催化脱硝的最高值 62%。Fe-Ce 氧化物在 CO：NO=4：1，温度为 700℃时达到催化脱硝的最高值 70.09%，可以看出 Fe-Ce 氧化物的最高脱硝率要好于氧化铁。

7.3.2 铈基氧化物催化 CO 还原 NO 的性能

7.3.2.1 CeO₂ 催化 CO 还原 NO 性能实验

如图 7-4 所示是氧化铈在温度 600~800℃五个温度下不同 CO：NO 的最高脱硝率分析，本组实验从供混气系统通入的气体有 NO、CO、N₂，通入气体总流量为 500mL/min。其中 N₂ 的作用是作为平衡气。

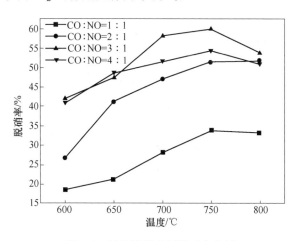

图 7-4 氧化铈催化剂脱硝率分析

如图 7-4 所示是负载氧化铈催化剂在四种 CO：NO 条件下的脱硝率分析图。根据图中的数据可知：在 NO 初始浓度不变且在同一温度的反应过程中，随着反应过程中 CO 与 NO 浓度比值的增大，反应过程中的 NO 脱除率也在提高。提高 CO 与 NO 的浓度比值，其实就是提高了反应还原物 CO 的初始浓度，在其他条件不变的情况下，会使整个脱硝反应的效率提高。与氧化铁催化脱硝的总体效率对比，可以看到氧化铈的催化效率较低。除此之外，从氧化铈催化脱硝的效率曲线上可以明显看到：在 CO∶NO＝3∶1 的情况下，脱硝反应的效果是最好的，此时的脱硝率能达到 60%。750℃时，在 CO∶NO＝1∶1，最佳脱硝率为 33.79%；在 CO∶NO＝2∶1 时，最佳脱硝率为 51.5%；在 CO∶NO＝3∶1 时，最佳脱硝率为 60%；在 CO∶NO＝4∶1 时，最佳脱硝率为 54.56%。通过曲线图，我们可以清晰地看出：不同 CO/NO 下最佳脱硝率温度是在 750℃，从 600～750℃ 脱硝率变化看出：随着温度的升高脱硝率越来越好，在同一温度下 CO/NO 越高脱硝率更好。

7.3.2.2　Ce-Fe 氧化物催化 CO 还原 NO 性能实验

Ce-Fe 氧化物催化 CO 还原 NO 性能实验在模拟烟气的气氛下，研究了不同温度、碳氮比下 Ce-Fe 氧化物催化 CO 还原 NO 的脱硝率。在本实验中，通入模拟烟气的总流量为 500mL/min，所通入的气体有 NO、CO、N_2，其中 N_2 的作用是作为平衡气。该实验中所选的温度有五组，分别为 600℃、650℃、700℃、750℃、800℃；通入气体中 CO 与 NO 的比例有四组，分别为 1∶1、2∶1、3∶1、4∶1。这组实验选用的催化剂为 Ce-Fe(9∶1) 氧化物。

如图 7-5 所示为铈铁氧化物催化剂在不同 CO∶NO 比例的脱硝率曲线分析图。从图 7-5 可以看出，在 600～800℃ 中从曲线图的高低变化可以看出，随着温

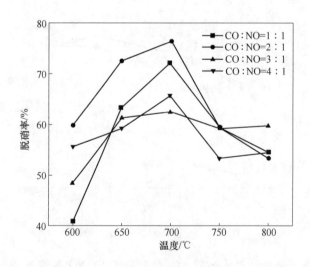

图 7-5　铈铁氧化物脱硝率分析

度的增加，铈铁氧化物催化剂的脱硝率先升高后降低。一定温度下，随着 CO 浓度的增加，铈铁氧化物催化剂效率先升高后降低，其中在 CO：NO = 1：1 时的铈铁氧化物催化剂的最高脱硝率为 72%；在 CO：NO = 2：1 时的铈铁氧化物催化剂的最高脱硝率为 76.44%；在 CO：NO = 3：1 时的铈铁氧化物催化剂的最高脱硝率为 68.27%；在 CO：NO = 4：1 时的铈铁氧化物催化剂的最高脱硝率为 65.79%。随着 CO：NO 的增大，铈铁氧化物催化剂的 NO 转化率先升高后下降，说明 CO 过量并不能对 NO 转化率的提高起到太大的作用。当 CO：NO = 2：1 时达到最高脱硝率 76.44%。

氧化铈最高催化脱硝率在 CO：NO = 2：1 时达 60%；铈铁氧化物脱硝率较氧化铈好，最高脱硝率在 CO：NO = 2：1 时达到 76.44%。在相同温度和相同浓度条件下，铈铁（Ce-Fe）氧化物脱硝率较 CeO_2 脱硝率高 16% 以上。

7.3.3 铁铈氧化物催化 CO 还原 NO 的性能

铁铈氧化物催化 CO 还原 NO 性能实验采用的催化剂为 Fe-Ce 复合氧化物，其中 Fe_2O_3 和 CeO_2 的配比（Fe_2O_3 和 CeO_2 的质量比）为 1：1、9：1、1：9，采用不同配比的 Fe-Ce 氧化物催化剂来对比相同实验条件下，不同催化剂的催化脱硝率。

如图 7-6 所示直观地反映了三种不同比例的铁铈氧化物的催化剂在 CO：NO = 2：1，温度从 600~800℃ 时催化脱硝率的变化。当温度在 600℃ 时，三种不同的催化剂的催化脱硝率都不是很高，其中 Fe-Ce(1：1) 氧化物的催化脱硝率在 49.2%，Fe-Ce(1：9) 氧化物催化脱硝率和其比较接近在 53.56%，但是 Fe-Ce(9：1) 氧化物的催化脱硝率仅有 34.46%。由此可见 600℃ 时在 CO：NO = 2：1 的条件下，三种催化剂催化脱硝率都比较低，其中铈基氧化物催化脱硝率高于铁基氧化物的催化脱硝率。当温度在 650℃ 时，其中的两种 Fe-Ce(1：1) 氧化物与 Fe-Ce(9：1) 氧化物催化脱硝的效率都较 600℃ 的条件下有一定程度的下降，分别为 42.33% 和 30.49%。在这个条件下 Fe-Ce(1：9) 氧化物的催化脱硝率呈现了一定的上升，达到了 58.5%。温度在 700℃ 时，三种催化剂的催化脱硝率都呈现了一定的上升，其中 Fe-Ce(1：1) 氧化物催化脱硝率是 48.18%，脱硝率与 600℃ 时比较接近。Fe-Ce(9：1) 氧化物催化脱硝的效率相比之前上升得非常快，达到了 44.90%，Fe-Ce(1：9) 氧化物催化脱硝的效率相比 650℃ 时只有微弱的上涨，只达到了 60.07%。随着温度的上升，在 750℃ 时三种不同的催化剂催化脱硝的效率的变化有一定的不同，其中 Fe-Ce(1：1) 氧化物与 Fe-Ce(9：1) 氧化物的催化脱硝率都在下降，但是 Fe-Ce(1：1) 氧化物的催化脱硝率下降的幅度较大，为 44.74%，Fe-Ce(9：1) 氧化物的催化脱硝率变化不是很明显，为 40.99%。而 Fe-Ce(1：9) 氧化物的催化脱硝率上升幅度非常大，达到了

71.55%。当温度升到800℃的时候，Fe-Ce(1∶1)氧化物催化脱硝率在升高，达到了55.44%，Fe-Ce(9∶1)氧化物的催化剂催化脱硝率升高到43.49%，而Fe-Ce(1∶9)氧化物催化脱硝率下降为65.14%。

同比对照三种不同催化剂在CO∶NO=2∶1的实验条件下，Fe-Ce(1∶9)氧化物的催化脱硝率明显高于其他两种催化剂，随着温度的升高，发现铁基催化剂在700℃时的催化效率最高，其耐高温性比较稳定。而铈基的催化剂在高温时的催化效果比较好，但是其耐高温性比较差。

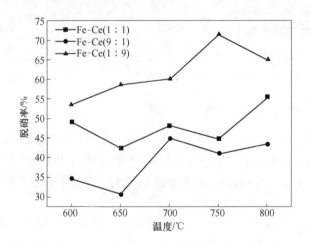

图7-6　铁铈氧化物在CO∶NO=2∶1时脱硝率对比

7.3.4　单体矿相模型的实验验证

单体矿相模型的实验验证在简化的模拟烟气情况下，研究了赤铁矿、氟碳铈矿单体矿相模型（Fe_2O_3、$(Ce-Fe)O_x$）的催化脱硝率。模拟烟气的实验气体总流量每次实验保持不变，取量为500mL/min，CO气体浓度$5.9×10^{-4}$，NO的气体浓度为$5.9×10^{-4}$，NO_x气体浓度$6×10^{-4}$。

如图7-7所示为针对氟碳铈矿建立的掺杂铁的铈铁氧化物模型与稀土精矿的脱硝率对比。从图上可以看出从600~800℃的温度范围内，除了700℃和750℃之间有些偏差外，二者的脱硝率基本相近。在700℃时，稀土精矿的脱硝率为62.7%，铈铁氧化物的脱硝率为60.07%，二者的偏差只有2.7%。在750℃时，稀土精矿的脱硝率为68.9%，铈铁氧化物的脱硝率为71.55%，二者的偏差为2.65%。可以看出建立的掺杂铁的铈基氧化物模型与稀土精矿中真实的氟碳铈矿是比较接近的，该模型是比较符合物理真实的，是合理可行的。

如图7-8所示为针对赤铁矿建立的氧化铁模型与赤铁矿的脱硝率对比。从图

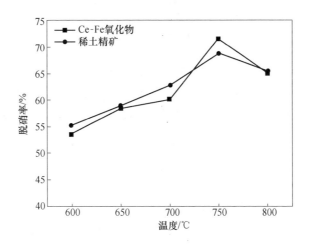

图 7-7 (Ce-Fe)O$_x$ 与稀土精矿脱硝率对比

中可以看出从 600~900℃的温度范围内，二者的脱硝率相差较小。在 600℃时，赤铁矿的脱硝率为 33.7%，氧化铁的脱硝率为 28.1%，二者的偏差有 5.6%。在 900℃时，赤铁矿的脱硝率为 75.3%，氧化铁的脱硝率为 69.4%，二者的偏差为 5.9%。可以看出建立的氧化铁的模型与赤铁矿是比较接近的，该模型是符合物理真实的，是合理可行的。

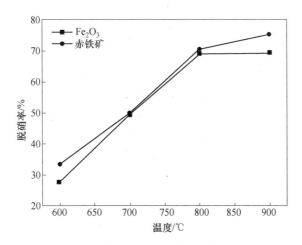

图 7-8 Fe$_2$O$_3$ 与赤铁矿脱硝率对比

7.4　单体矿相模型催化半焦还原 NO 的性能

7.4.1　铁基氧化物催化半焦还原 NO 的性能

铁基氧化物催化半焦还原 NO 实验所选用的催化剂是利用 γ-Al_2O_3 做载体附着的 Fe_2O_3 和 Fe-Ce 氧化物，实验所选 γ-Al_2O_3 载体颗粒大小在 $380 \sim 830\mu m$ 并且每组催化剂选取载体 1g。首先使用研钵将粒径在 $3 \sim 5mm$ 的 γ-Al_2O_3 破碎；其次将破碎后的 γ-Al_2O_3 放置在筛网中，筛取出粒径在 $380 \sim 830\mu m$ 的颗粒。本实验采用的催化剂为 Fe_2O_3 和 Fe-Ce 氧化物（其中 Fe_2O_3 和 CeO_2 的质量比为 $10:1$）。实验通过 0.1g 半焦在 5% 含氧量、700℃ 条件下不同催化剂催化脱硝的实验，来分析 Fe_2O_3、Fe-Ce 氧化物对半焦脱硝作用的影响。

根据图 7-9 可以知道半焦在 Fe_2O_3、Fe-Ce 氧化物催化脱硝作用下脱硝率的总体趋势：脱硝率随时间都是先增长然后下降。脱硝率先增后降的原因是：0.1g 半焦在初始阶段与 NO 的还原反应使 NO 浓度开始降低，如图 7-9 前半段所示，在此过程中 NO 被还原转化为 N_2；随着反应的不断进行，中间还原产物 CO 也与 NO 开始进行还原反应，CO 的浓度变化如图 7-10 所示，此过程中半焦的脱硝率越来越大；最后阶段由于半焦的质量越来越少，NO 的还原率便也开始随着半焦量的减少而下降，NO 的浓度便开始增大（见图 7-9），此过程中半焦的脱硝率越来越小。根据图 7-11 可知：Fe_2O_3 催化脱硝率最大值为 51.56%；Fe-Ce 氧化物催化脱硝率最大值为 47.21%；半焦脱硝的最大值为 28.1%。对比三种情况，可以知道 Fe_2O_3 催化脱硝的效果较好于 Fe-Ce 氧化物催化脱硝的效果，铁基氧化物催化脱硝的效果好于纯半焦脱硝的效果。实验说明负载 Fe_2O_3、Fe-Ce 氧化物催化剂在半焦脱硝过程中发挥着很好的催化脱硝作用。

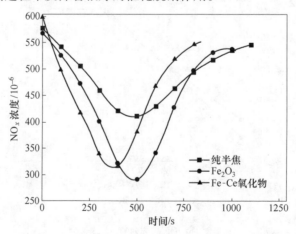

图 7-9　铁基氧化物催化半焦脱硝过程 NO_x 浓度变化

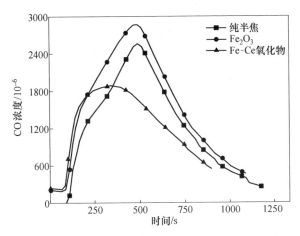

图 7-10　铁基氧化物催化半焦脱硝过程 CO 浓度变化

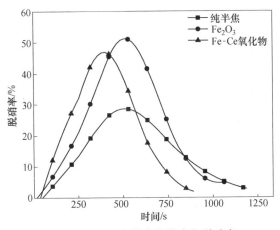

图 7-11　铁基氧化物催化半焦脱硝率

如图 7-12 所示是半焦催化脱硝过程中的 N_2 选择性分析，可以发现，在催化剂催化脱硝过程中，N_2 选择性随时间都是先增长，在达到最大的 N_2 选择性后便开始下降，先增后降的趋势也说明了半焦催化脱硝过程中脱硝率的变化趋势。根据图 7-12 可知：Fe_2O_3 催化脱硝 N_2 选择性最大值为 96.79%，Fe-Ce 氧化物催化脱硝 N_2 选择性最大值为 96.1%，单纯半焦脱硝选择性最大值为 92.83%。对比三种情况的 N_2 选择性，发现 Fe_2O_3 催化脱硝的 N_2 选择性较好于 Fe-Ce 氧化物催化脱硝的 N_2 选择性，半焦脱硝的 N_2 选择性最差。

7.4.2　铈基氧化物催化半焦还原 NO 的性能

铈基氧化物催化半焦还原 NO 实验采用的催化剂为 CeO_2 和 Ce-Fe 氧化物

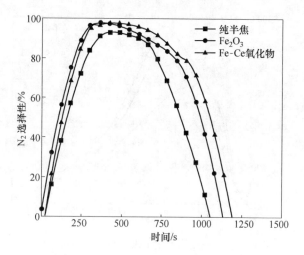

图 7-12　铁基氧化物催化半焦脱硝的 N_2 选择性

（其中 CeO_2 和 Fe_2O_3 的质量比为 10：1）。选取的温度是 700℃，半焦的质量是
0.1g，催化剂氧化铈和铈铁氧化物各取 1g 和单纯的 0.1g 半焦做对照实验，从共
混气系统过来的气体有 5%的氧气量和通入 $6×10^{-4}$ 的 NO 和平衡气体 N_2。

如图 7-13～图 7-15 所示是 0.1g 半焦在 700℃、5% O_2 含量下，CeO_2、Ce-Fe
氧化物的催化脱硝实验数据分析图。根据图 7-13 可以知道半焦在 CeO_2、Ce-Fe
氧化物催化脱硝作用下脱硝率的总体趋势：脱硝率随时间都是先增长在达到最大
的脱硝率后便开始下降。脱硝率先增后降的原因是：0.1g 半焦在开始阶段与 NO
的还原反应使 NO 浓度开始降低，在此过程中 NO 被还原转化为 N_2；随着反应的

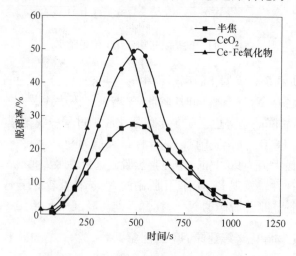

图 7-13　铈基氧化物催化半焦脱硝率

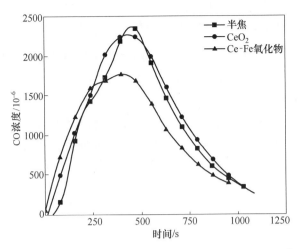

图 7-14 铈基氧化物催化半焦脱硝过程 CO 浓度变化

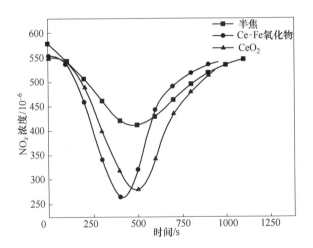

图 7-15 铈基氧化物催化半焦脱硝过程 NO_x 浓度变化

不断进行，中间还原产物 CO 也与 NO 开始进行还原反应，此过程中半焦的脱硝率越来越大；最后阶段由于半焦的质量越来越少，NO 的还原效率便也开始随着半焦量的减少而下降，NO 的浓度便开始增大，此过程中半焦的脱硝率越来越小。根据图 7-15 可知：CeO_2 催化脱硝率最大值为 50.1%；Ce-Fe 氧化物催化脱硝率最大值为 53.7%；半焦脱硝的最大值为 28.1%。对比三种情况，可以知道 Ce-Fe 氧化物催化脱硝的效果较好于 CeO_2 催化脱硝的效果，铈基氧化物催化脱硝的效果好于半焦脱硝的效果。实验说明负载 CeO_2、Ce-Fe 氧化物的催化剂在半焦脱硝过程中发挥着很好的催化脱硝作用。

7.4.3 铁铈氧化物催化半焦还原 NO 的性能

铁铈氧化物催化半焦还原 NO 实验采用的催化剂为铁铈氧化物，其 Fe_2O_3 和 CeO_2 的质量比为 1∶1、9∶1、1∶9，采用不同配比的催化剂来对比相同实验条件下的催化脱硝率。

根据图 7-16~图 7-18 的数据综合分析可以明显地看出在半焦与铁铈氧化物催化剂联合作用下的脱硝率远远大于单纯的半焦的脱硝率，在实验开始的阶段，前 100~200s 的阶段可以看出半焦与铁铈氧化物催化剂的联合作用脱硝明显使脱硝率迅速上升。

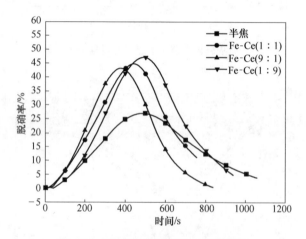

图 7-16　铁铈氧化物催化半焦脱硝率

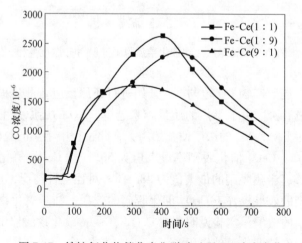

图 7-17　铁铈氧化物催化半焦脱硝过程 CO 浓度变化

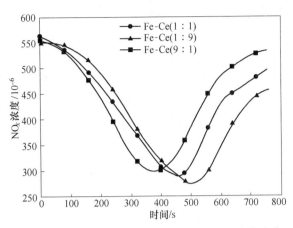

图 7-18 铁铈氧化物催化半焦脱硝过程 NO_x 浓度变化

随着反应时间的进行，在铁铈比为 9∶1 时的铁铈氧化物催化剂首先达到了脱硝率的峰值，其峰值为 45.96%，铁铈比为 1∶1 的铁铈氧化物紧随其后达到了脱硝率的峰值，其值为 47.33%两者相差不是很大，之后负载铁铈比为 1∶9 的铁铈氧化物实验达到脱硝率的峰值为 50.56%。由此可见，半焦与铁铈氧化物催化剂的联合催化脱硝率远远大于单独半焦脱硝的效率，而且还可以加快反应的进行。铁铈氧化物催化剂中以铁铈比为 1∶9 的铁铈氧化物催化剂和半焦的联合脱硝的脱硝率最高。

7.5 铈铁氧化物的结构表征与表面特征分析

7.5.1 催化剂的结构表征方法

催化剂的结构表征方法有如下几种：

（1）程序升温脱附测试（NO-TPD）。程序升温脱附方法（TPD）在化学吸附仪上进行，将催化剂置于石英管式固体床内，通入吹扫气体 N_2，在 200℃下预处理 30min，然后降温至 50℃，通入 NO，吸附 50min，再关掉 NO，吹扫 10min，然后程序加热升温到 500℃，得到 NO-TPD 曲线。根据 TPD 曲线峰值所对应的温度分析催化剂的脱附强度，并定性分析吸附量大小。

（2）比表面积测试（BET）。比表面积是表征催化剂表面性能的重要参数。本文采用北京精微高博科学技术有限公司 JW-BK200C 比表面积与孔隙度分析仪，检测催化剂的比表面积、孔容和孔径。样品首先在真空状态、150℃条件下脱气 4h，然后以 N_2 为吸附介质进行测量。通过对 N_2 吸附-脱附曲线分析计算，可得样品的比表面积、孔径及孔容值。

（3）扫描电子显微镜测试（SEM）。对铁铈固溶体催化剂进行 SEM 表征，从宏观角度评测催化剂的表面形貌及孔隙结构。本文 SEM 采用的是德国 ZEISS 公司生产的 Sigma-500 型场发射扫描电子显微，放大倍数为 1~1000000 倍，加速电压为 10kV。

（4）X 射线衍射测试（XRD）。本文中 XRD 所采用的设备为德国 BRURER 生产的 D8 ADVANCE。工作电压为 40kV，工作电流为 40mA，采用靶材为 Cu 靶，步长 0.1。X 射线衍射仪扫描角度为 $2\theta = 20° ~ 90°$，波长为 $\lambda = 0.15418nm$，扫描速度为 5°/s。

（5）拉曼光谱分析（Raman）。拉曼光谱是对与入射光频率不同的散射光谱进行分析以得到分子振动和转动方面数据，并应用于分子结构研究的一种分析方法。本文对催化剂进行拉曼分析，以确定催化剂是否形成固溶及氧空位含量。

（6）X 射线光电子能谱分析（XPS）。对催化剂做 XPS 分析，得到催化剂中各元素不同价态的含量。本文 XPS 采用的是美国的（Thermo escalab 250Xi 型）X 射线光电子能谱仪对催化剂表面元素价态表征测试，实验开始时选取的主要参数有：单色化 AL 靶 X 射线源以及双阳极 Mg/AL 靶 X 射线源，其中仪器使用允许的最大操作功率为 150W。

7.5.2　铈铁氧化物的 NO-TPD 分析

采用 NO-TPD 分析了铁铈不同配比对催化剂表面酸量的影响。NO-TPD 是一种等速升温条件下的程序升温过程，升温过程吸附质在催化剂表面发生解吸现象。通过图 7-19 可以看出在 0~200℃ 低温段内，1：0.10 组催化剂在 150℃ 附近有一个明显的吸附峰，其余催化剂出峰位置均在 200℃ 或者之后，且低温段内，

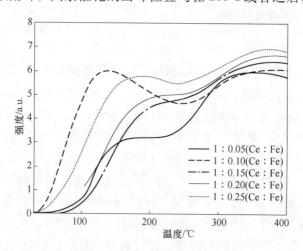

图 7-19　铈铁氧化物催化剂的 NO-TPD 测试

明显可以发现 1：0.10 催化剂峰面积最大，因此该催化剂吸附量最大，活性位最多，吸附的 NO 最多，与该催化剂脱硝活性互相对应。

7.5.3　铈铁氧化物的比表面积分析

从表 7-1 的 BET 结果可以看出，γ-Al$_2$O$_3$ 载体的比表面积为 283.8238m^2/g，Ce-Fe（1：0.10）催化剂达到了 337.0501m^2/g，平均孔径也小于载体，而其余催化剂的比表面积均小于载体，平均孔径也比载体要大，说明合适的铁铈配比才能使催化剂比表面积增大，小于或大于这个配比均会使催化剂平均孔径变小，而一般认为在载体上添加催化剂会导致载体微孔被堵塞且大孔变微孔，二者是一个互相抵消的过程，1：0.10 组催化剂比表面积大于载体本身，所以这个配比恰巧是使催化剂比表面增加量大于减少量，因此这组催化剂的配比能使其比表面积增大，这也是为何此组催化剂有着较好活性的一个原因。

表 7-1　铈铁氧化物催化剂的比表面积

样　　品	比表面积/m^2·g^{-1}	平均孔径/nm
γ-Al$_2$O$_3$	283.8238	0.8413
Ce-Fe（1：0.05）	237.8313	0.8158
Ce-Fe（1：0.10）	337.0501	0.7732
Ce-Fe（1：0.15）	247.2414	0.8038
Ce-Fe（1：0.20）	253.1510	0.8022
Ce-Fe（1：0.25）	255.1109	0.8040

7.5.4　铈铁氧化物的 SEM 分析

对空白 γ-Al$_2$O$_3$ 载体和每一组样品都做了扫描电镜分析，可以发现每组催化剂表面颗粒化很明显，且 Ce-Fe（1：0.10）样品有更多的孔隙结构，将其放大可以看到样品的微孔内部也有很多凹槽及颗粒，大大增加了催化剂与气体接触的面积。其余催化剂虽然表面颗粒化也很明显，但孔结构较少，这也是其比表面积变小的主要原因，跟表 7-1 的结果相对应。

结合表 7-1 和图 7-20 可以得出结论，Ce-Fe（1：0.10）这组催化剂孔径较小，孔内和表面均有着很多颗粒和凹槽，凹槽的产生则是由 CeO$_2$ 与 Fe$_2$O$_3$ 相互反应导致，这是比表面积大于 γ-Al$_2$O$_3$ 的根本原因，也为该催化剂有较好活性提供了可能性。

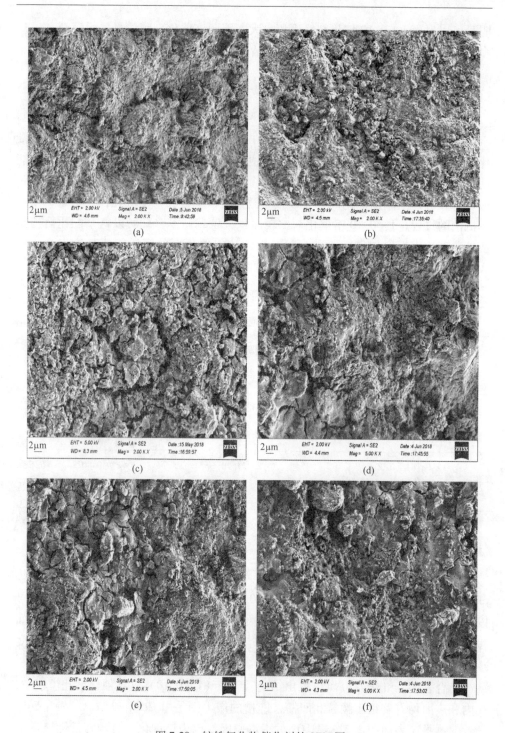

图 7-20　铈铁氧化物催化剂的 SEM 图

(a) γ-Al$_2$O$_3$；(b) Ce-Fe(1∶0.05)；(c) Ce-Fe(1∶0.10)；(d) Ce-Fe(1∶0.15)；

(e) Ce-Fe(1∶0.20)；(f) Ce-Fe(1∶0.25)

7.5.5 铈铁氧化物的 XRD 分析

为确定催化剂的晶相，对五组催化剂做了 XRD 表征，结果如图 7-21，催化剂出峰位置在 29.6°、34.2°、48.3°、57.2°，均比标准 CeO_2 标准面心立方萤石结构的峰往右偏移，说明催化剂的萤石结构发生了改变，低价阳离子取代造成的氧空位和较小离子的掺杂引起的晶胞收缩均会导致 CeO_2 面心立方结构向右偏移，因此可以认为该处的峰是因为 Fe^{3+} 取代 Ce^{4+} 形成铁铈固溶体导致的。在图 7-21 中没有发现 Fe_2O_3 的峰，说明 Fe_2O_3 在催化剂表面分散均匀形成无定形态或者形成 Ce-Fe-O 固溶体，由此可以证实五组催化剂均形成了铁铈固溶体。以 29.6°1-1-1 晶面处的峰用 Scherrer 公式 $D = k\lambda / B\cos\theta$ 进行计算发现（表 7-2），Ce-Fe（1：0.10）样品的 D 值最小，即样品晶粒尺寸最小，晶胞收缩，所以该组催化剂整体颗粒最小，由软件计算可得该组催化剂峰面积最小可知其分散性最好，这也从一方面解释了 Ce-Fe（1：0.10）低温脱硝活性较好的原因。

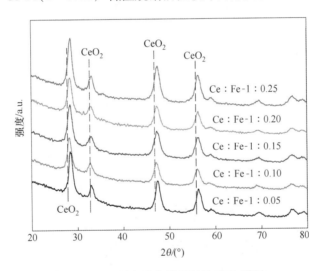

图 7-21　铈铁氧化物催化剂的 XRD 谱图

表 7-2　铈铁氧化物催化剂的 XRD 峰计算

铈/铁	峰高/a.u.	半高峰宽/(°)	峰面积/a.u.
1：0.05	424	0.860	32663
1：0.10	341	1.059	28069
1：0.15	413	0.919	39205
1：0.20	343	0.977	30026
1：0.25	513	0.976	44865

7.5.6　铈铁氧化物的 Raman 分析

如图 7-22 所示为对五组催化剂做的拉曼测试，由图可以看出催化剂在 $222cm^{-1}$ 和 $228cm^{-1}$ 处出现了 $\alpha\text{-}Fe_2O_3$ 的特征峰，说明有游离的 Fe_2O_3 分散于催化剂表面。在 $456cm^{-1}$ 附近有较强的振动峰，这是 Ce^{4+} 离子周围氧的对称伸缩振动产生的峰，相比于 CeO_2 面心立方萤石结构标准的 $462cm^{-1}$ 铈氧键振动峰而言，均向低频率有不同程度的偏移，萤石结构的改变会引起活性振动模式的改变，低价阳离子取代造成的氧空位和较小半径离子的掺杂引起的晶胞收缩都会促使 CeO_2 的萤石立方结构向低频率位移，因此可以认为，这一偏移是由 CeO_2 中离子半径较大的 Ce^{4+}（0.097nm）被离子半径较小的 Fe^{3+}（0.064nm）取代形成铁铈固溶体引起的。

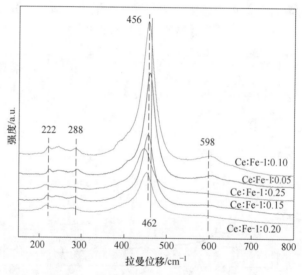

图 7-22　铈铁氧化物催化剂的拉曼谱图

另外在 $598cm^{-1}$ 附近有一个弱肩峰的出现，该弱肩峰与 $Ce^{4+} \rightarrow Ce^{3+}$ 偏移引起的面心立方晶格结构畸变有关，这也是 Ce-Fe-O 固溶体形成的有力证据，当 Fe^{3+} 随机取代 Ce^{4+} 时，晶格上两原子的排序没有一定规则，两者形成无序固溶体。原子在各格点不同方向的受力不均，此时以平衡位置为中心振动着的原子可能脱离平衡位置跑到临近原子空隙中去，形成空位和间隙原子，晶体结构缺陷由此产生，晶体缺陷导致的晶格畸变反映在拉曼中即为 $598cm^{-1}$ 附近的弱肩峰。并且 1∶0.10 这组催化剂在 $456cm^{-1}$ 和 $598cm^{-1}$ 两处产生的峰最宽，而峰越宽则表示实际振动偏离理论值的占比越高，偏离意味着可能键长不稳定，或长或短，这表明了晶体规整度不好，规整度越不好则催化剂缺陷越多，即氧空位越多，因而催化剂脱硝活性就会越好。

7.5.7 铈铁氧化物的 XPS 分析

Ce 元素主要以 Ce^{4+}、Ce^{3+} 两种价态存在于化合物中，由图 7-23 可知其中 u_1（BE $\approx$ 916.2eV）、u_2（BE $\approx$ 907.2eV）、u_3（BE $\approx$ 900.7eV）、u_4（BE $\approx$ 898eV）、u_5（BE $\approx$ 888.7eV）、u_6（BE $\approx$ 882.2eV）这六个峰归属于 Ce^{4+} 的特征峰。Ce^{3+} 的特征峰出现在 v_1（BE $\approx$ 903.9eV）、v_2（BE $\approx$ 899.7eV）。对该样品的峰进行分峰拟合得到相应的峰面积，计算得出 $Ce^{3+}/(Ce^{4+}+Ce^{3+})$ 的相对含量见表 7-3，由表可知，催化剂中含有 23.35% 的 Ce^{3+}，一般认为，Ce^{3+} 与氧空位的出现有关，Ce^{3+} 越多则代表氧空位越多，催化剂的脱硝活性越好。

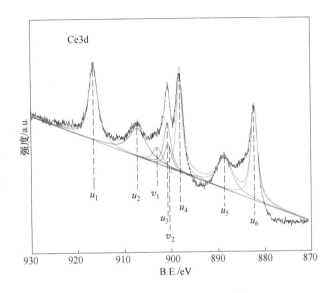

图 7-23　铈铁氧化物催化剂的 Ce3d 轨道 XPS 表征

表 7-3　铈铁氧化物催化剂中 Ce 元素价态统计

样　　品	$Ce^{4+}/\%$	$Ce^{3+}/\%$
铁铈催化剂 Ce 价态含量	76.65	23.35

Fe 元素主要以 Fe^{2+}、Fe^{3+} 两种价态存在于催化剂中，由图 7-24 可知 BE $\approx$ 716.1eV 归属为 Fe^{2+}，BE $\approx$ 733.8eV 归属为 Fe^{3+}。对该样品进行分峰拟合得到相应的峰面积，计算得出 $Fe^{2+}/(Fe^{3+}+Fe^{2+})$ 的相对含量见表 7-4，由表 7-4 可知，催化剂中 Fe^{2+} 的含量占将近一半，而催化剂中的 Fe^{2+} 含量与催化剂中氧空穴的形成有着紧密关系，Fe^{2+} 含量越多，则代表催化剂中氧空穴的含量越大，因而催化剂的脱硝活性就越好。

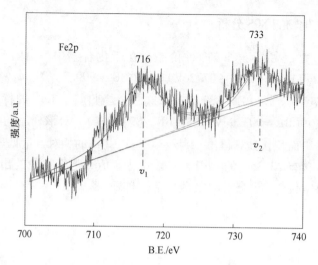

图 7-24　铈铁氧化物催化剂的 Fe2p 轨道表征

表 7-4　铈铁氧化物催化剂中 Fe 元素价态统计

样　品	$Fe^{2+}/\%$	$Fe^{3+}/\%$
铁铈催化剂 Fe 价态含量	56.7	43.3

　　如图 7-25 所示显示了催化剂 O1s 图谱，位于 529.8~530.2eV 处的峰可归为配位饱和的晶格氧物种（O^{2-}），记为 O_β，在 531.2~531.6eV 的峰则属于配位不饱和氧物种，记为 O_α。一般认为 O_α 的浓度跟催化剂在低温段的活性是相关的，浓度越高，则低温段活性就会越好，计算了 $O_\alpha/(O_\alpha+O_\beta)$ 结果见表 7-5。

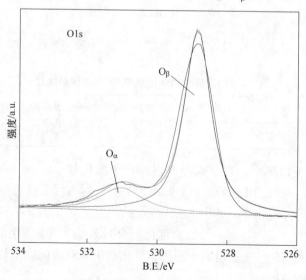

图 7-25　铈铁氧化物催化剂的 O1s 轨道 XPS 表征

表 7-5　铈铁氧化物催化剂中 O 元素价态统计

样　品	$O_\alpha/\%$	$O_\beta/\%$
铁铈催化剂 O 价态含量	30.1	69.9

铈铁氧化物 Ce-Fe(1 : 0.10) 配比的催化剂的低温催化脱硝效果最佳，在650℃能有80%的活性。主要原因是该组催化剂的低温段活性位多，能吸附更多的 NO，催化剂表面微孔和凹槽凸起较多，比表面积较大，与气体有着更大更充分的接触空间。通过 XRD 可以发现催化剂的出峰位置比 CeO_2 面心立方萤石结构的峰向右偏移，晶格发生畸变，且没有检测到 Fe_2O_3 峰，由此可以推测离子半径较小的 Fe^{3+} 置换了离子半径较大的 Ce^{4+}，二者形成固溶，或者 Fe_2O_3 均匀分布在催化剂表面形成无定形态，而这一猜测在 Raman 表征中得到证实，Raman 中$222cm^{-1}$、$228cm^{-1}$ 两处的峰表明有游离的 Fe_2O_3 存在于催化剂表面，$456cm^{-1}$ 处的峰较 $462cm^{-1}$ 标准 CeO_2 萤石结构的峰红移，是由于 Fe^{3+} 置换 Ce^{4+} 产生的氧空位和离子半径较小的 Fe^{3+} 置换离子半径较大的 Ce^{4+} 导致的晶胞收缩使出峰位置后移，是铁铈固溶体产生的证据，且 $598cm^{-1}$ 处由晶格缺陷产生的弱肩峰也证实了这一观点。当半径较小的 Fe^{3+} 进入 CeO_2 晶格中，置换离子半径较大的 Ce^{4+}，由于其离子半径较小，形成置换型固溶体结构。铈铁氧化物由于形成固溶体结构，产生大量的氧空位。氧空位作为催化剂的表面活性位点，可以提高表面氧及晶格氧的迁移速率，增强了铈铁氧化物催化剂的催化性能。

本 章 小 结

本章从稀土尾矿单体矿相模型出发，分别以稀土尾矿中赤铁矿、氟碳铈矿单体建立的 Fe_2O_3、$(Ce-Fe)O_x$ 模型作为半焦脱硝的催化剂，以氧化铝为载体制备负载不同比例的铈铁氧化物催化剂，研究铈铁氧化物催化 CO 还原 NO 的性能；研究铈铁氧化物催化剂催化半焦还原 NO 的脱硝率和 N_2 选择性。

分别以氧化铁（Fe_2O_3）、铈铁氧化物（$(Ce-Fe)O_x$）为催化剂，通过对比各种催化剂的脱硝性能曲线，得到氧化铁和铈铁氧化物催化剂具有显著提高脱硝率的性能。在750℃，CO：NO＝2：1 时，铈铁氧化物催化脱硝的最高效率为71.5%，氧化铁的催化脱硝最高效率仅为46.3%。其中铈铁氧化物的催化性能高于氧化铁的催化性能。通过氧化铁与赤铁矿、铈铁氧化物与氟碳铈矿的脱硝性能对比，实验偏差均在6%以内，说明对于稀土尾矿单体矿相建立的氧化铁模型和铈铁氧化物模型的正确性。

在催化半焦脱硝的实验中，分别以氧化铁（Fe_2O_3）、铈铁氧化物（$(Ce-Fe)$$O_x$）为催化剂，通过对比各种催化剂的脱硝性能，得到 Fe_2O_3 和 $(Ce-Fe)O_x$ 催化剂具有显著提高脱硝的性能。$(Ce-Fe)O_x$ 催化脱硝达到53.7%，Fe_2O_3 催化脱硝

率为 50.56%。其中铈铁氧化物的催化性能略高于氧化铁的催化性能，而稀土尾矿的催化性能则强于氧化铁和铈铁氧化物催化剂的催化性能。实验结果说明，稀土尾矿中的赤铁矿、氟碳铈矿都是具有催化半焦脱硝活性的矿相，都是稀土尾矿里的催化活性物质。

对铈铁氧化物的结构和表面形态进行了表征，催化剂表面微孔和凹槽凸起较多，比表面积较大，与气体有着更大更充分的接触空间。通过 XRD 和 XPS 表征可以发现 Ce-Fe 氧化物催化剂的特征峰位置比 CeO_2 面心立方萤石结构的峰发生偏移，晶格发生畸变，由此可以证实离子半径较小的 Fe^{3+} 置换了离子半径较大的 Ce^{4+}，二者形成固溶。铈铁氧化物由于形成固溶体结构，产生大量的氧空位。氧空位作为催化剂的表面活性位点，提高表面氧及晶格氧的迁移速率，增强催化剂的催化性能。

8 稀土尾矿中连生体矿相的联合催化作用

<<<<<<<<<<<<<<<<<<<<<<<<<<<<<<<<<<<<<<<<<<<<<<<<<<<<<<<<<<<<<<<<

本章通过白云鄂博共生矿催化脱硝的性能实验，研究稀土尾矿中赤铁矿-氟碳铈矿连生体的催化性能，并对稀土尾矿里的赤铁矿-氟碳铈矿连生体结构建立物理模型：负载氧化铈的铁基氧化物模型，并研究负载不同比例氧化铈的铁基氧化物催化剂催化 CO 还原 NO 的性能。通过对比不同类型催化剂催化脱硝性能的变化，从而找出赤铁矿-氟碳铈矿连生体催化活性的构效关系。通过建立负载氧化铈的铁基氧化物模型的结构表征和表面形态分析，研究赤铁矿-氟碳铈矿连生体催化脱硝的联合作用机理。

8.1 稀土共生矿中各矿相的连生特性分析

白云鄂博矿床矿物种类繁多，已发现 170 多种矿物，含有 73 种元素。白云鄂博矿床中各种矿物在不同的矿石中形成各种各样的结构构造特征，这些矿物常共生在一起，紧密共生、与脉石相互穿插、互相包裹，形成难以解离的结构关系。这些矿物粒度微细，其中铁矿物为 50~40μm；稀有、稀土矿物更细小，为 70~10μm，而 43~10μm 者大约占 82.9%~88.6%；铌矿物仅为 50~10μm；与稀土矿物伴生的方解石、磷灰石、白玉石和重晶石等矿物的嵌布粒度则与稀土矿物大致相似。

白云鄂博矿床的矿石成分十分复杂，到目前为止在已发现的 170 多种矿物中，具有综合利用价值的元素 28 种，铁矿物和含铁矿物 20 多种，稀土矿物 16 种，铌矿物 20 种。铌与稀土的分布十分集中，85% 以上的铌集中分布于铌铁矿、易解石、钛铁金红石、烧绿石、铌钙石及包头矿等 6 种铌矿物中。铁的独立矿物主要有磁铁矿、磁铁矿、褐铁矿、菱铁矿等，约占铁总量的 90%，其中绝大部分赋存于磁铁矿和赤铁矿中。85% 以上的稀土分布于氟碳铈矿为主的氟碳酸盐和独居石中，在其他矿物中的分散量很少。有部分稀土以细小稀土矿物机械包裹体分散在其他矿物中，它们约占 12.3%，主要分散于铁矿物、萤石等矿物中。虽然铁矿物和萤石中稀土含量很少，但它们矿物总量大，故从总体来讲，大部分稀土元素分散于铁矿物和萤石中，赋存于铁矿中的稀土元素占 8.29%，赋存于萤石矿物中的稀土占 2.97%[106]。

不同磨矿粒度下，原矿中稀土矿物单体解离度分别为 -0.074mm、占 75% 时解离度为 63.42%；占 95% 时解离度为 75.95%；-0.045mm、占 95% 时解离度为

90.10%。该矿在磨矿过程中单体较易解离的约占65%，单体较难解离的约占25%，相当难解离的约占10%。就单体解离特性而言，适宜于选铁的磨矿粒度，基本可综合回收稀土矿物，尚未解离的稀土矿物主要与铁矿石及萤石呈连生体，非稀土矿物中的稀土分布率见表8-1。

表8-1　非稀土矿物中 REO 的分布率

矿物名称	REO	REO 的分布率/%
赤铁矿	0.56	4.79
磁铁矿	0.34	1.17
褐铁矿	2.72	2.37
萤石	0.68	2.97
重晶石	0.11	0.08
磷灰石	2.41	0.36
钠辉石	0.14	0.32
钠闪石	0.61	0.05
合计		12.08

白云鄂博矿石中铁矿物、稀土矿物、萤石三种矿物间共生关系极为密切，三种矿物连生体的分布率见表8-2。其各矿物的微细颗粒互为包裹，稀土矿物常包裹在铁矿物和萤石内部。铁矿物主要与萤石和稀土矿物呈连生体；稀土矿物主要与铁矿物、萤石呈连生体；萤石主要与铁和稀土矿物呈连生体。其中具有高温催化脱硝活性的为铁矿和稀土矿物，铁矿主要为赤铁矿，稀土矿物主要为氟碳铈矿，即赤铁矿和氟碳铈矿构成的赤铁矿-氟碳铈矿连生体矿相。

表8-2　铁、稀土、萤石三种矿物连生体分布率　　　　　（%）

矿物	与萤石连生	与铁矿物连生	与稀土矿物连生	与霓石连生	与其他脉石连生	总计
铁矿物	34.32	—	9.92	17.32	38.44	100
稀土矿物	36.46	53.51	—	2.20	7.83	100
萤石	—	60.19	35.28	1.01	3.52	100

8.2　白云鄂博稀土共生矿的催化性能

8.2.1　白云鄂博共生矿中单体矿相的催化性能

白云鄂博共生矿中单体矿相的催化性能实验在模拟烟气的气氛下，研究了不同温度、碳氮比条件下稀土共生矿催化 CO 还原 NO 脱硝率的分析。在本实验中，通入模拟烟气的总流量为 500mL/min。所通入的气体有 NO、CO 和 N_2，其中 N_2

的作用是作为平衡气。该实验中所选的温度有五组，分别为 600℃、700℃、800℃和900℃；CO 与 NO 的比例分别为 1∶1、1.5∶1 和 2∶1。实验选用的催化剂分别为稀土精矿，赤铁矿和稀土尾矿。

如图 8-1 所示为稀土精矿在不同温度催化 CO 还原 NO 效率变化图，从图上可以看出，CO 浓度一定的条件下，随着温度的升高，稀土精矿的脱硝率先增大后减小。其中 600℃时的稀土精矿的最高脱硝率为 55.2%，700℃时的稀土精矿的最高脱硝率为 62.7%，800℃时的稀土精矿的最高脱硝率为 65.4%，900℃时的稀土精矿的最高脱硝率为 46.1%。800℃时稀土精矿的脱硝率最高，超过该温度后稀土精矿发生烧结逐渐失去活性。

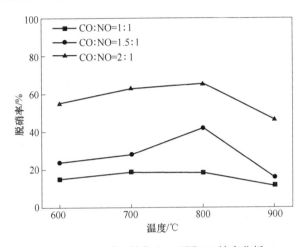

图 8-1　稀土精矿催化 CO 还原 NO 效率分析

从图 8-1 可以看出，在一定温度下，随着 CO 浓度的增加稀土精矿催化剂脱硝率逐渐升高，其中 CO∶NO = 1∶1 时的稀土精矿催化剂的最高脱硝率为 18.8%，CO∶NO = 2∶1 时的稀土精矿催化剂的最高脱硝率为 42.2%，CO∶NO = 2∶1 时的稀土精矿催化剂的最高脱硝率为 65.4%，从图中可以看出在相同温度下，碳氮比越大，NO 的转化率也就越大。随着 CO∶NO 的增大，稀土精矿催化剂的 NO 转化率逐渐升高，说明 CO 浓度对 NO 转化率的提高起到一定的促进作用。

如图 8-2 所示为赤铁矿在不同温度催化 CO 还原 NO 效率变化图，从图中可以看出，CO 浓度一定的条件下，随着温度的升高，赤铁矿的脱硝率逐渐增大。其中 600℃时的赤铁矿的最高脱硝率为 33.7%，700℃时的赤铁矿的最高脱硝率为 50.1%，800℃时的稀土精矿的最高脱硝率为 70.5%，900℃时的稀土精矿的最高脱硝率为 75.3%。随着温度的升高，赤铁矿的催化活性逐渐升高，说明赤铁矿的耐高温性能较好。

从图 8-2 可以看出，在一定温度下，随着 CO 浓度的增加赤铁矿催化剂脱硝率逐渐升高，其中 CO：NO=1：1 时的赤铁矿催化剂的最高脱硝率为 20.6%，CO：NO=2：1 时的赤铁矿催化剂的最高脱硝率为 55.6%，CO：NO=2：1 时的稀土精矿催化剂的最高脱硝率为 75.3%，从图中可以看出在相同温度下，碳氮比越大，NO 的转化率也就越大。随着 CO：NO 的增大，赤铁矿催化剂的 NO 转化率逐渐升高，说明 CO 对 NO 转化率的提高起到一定的促进作用。

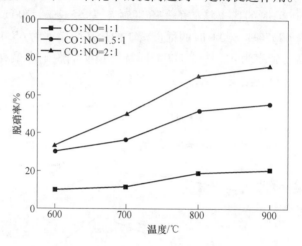

图 8-2　赤铁矿催化 CO 还原 NO 效率分析

8.2.2　白云鄂博共生矿中连生体矿相的催化性能

如图 8-3 所示为稀土尾矿在不同温度催化 CO 还原 NO 效率变化图，从图中可以看出，CO 浓度一定的条件下，随着温度的升高，稀土尾矿的脱硝率逐渐增大。其中 600℃时的稀土尾矿的最高脱硝率为 68.9%，700℃时的稀土精矿的最高脱硝率为 72.8%，800℃时的稀土精矿的最高脱硝率为 76.4%，900℃时的稀土精矿的最高脱硝率为 80.8%。随着温度的升高，稀土尾矿的催化活性逐渐增加，说明稀土尾矿的耐高温特性较好。

从图 8-3 中可以看出，在一定温度下，随着 CO 浓度的增加稀土尾矿催化剂脱硝率逐渐升高，其中 CO：NO=1：1 时的稀土精矿催化剂的最高脱硝率为 69.4%，CO：NO=2：1 时的稀土精矿催化剂的最高脱硝率为 71.0%，CO：NO=2：1 时的稀土精矿催化剂的最高脱硝率为 80.8%，从图中可以看出在相同温度下，随着 CO：NO 的增大，稀土尾矿催化剂的 NO 转化率逐渐升高，说明 CO 浓度对 NO 转化率的提高起到一定的促进作用。

如图 8-4 所示为 CO：NO=2：1 状态下不同催化剂的 NO 转化率的曲线分析图。从曲线分析图的变化趋势可以看出，在 800℃时，稀土尾矿催化脱硝的 NO 转化率最高，最高效率达到 76.4%。赤铁矿催化脱硝的最高效率为 70.5%，稀土

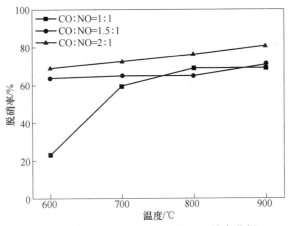

图 8-3 稀土尾矿催化 CO 还原 NO 效率分析

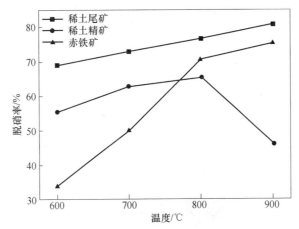

图 8-4 各种矿物催化 CO 还原 NO 效率分析

精矿的催化脱硝最高效率仅为 65.4%。实验表明稀土尾矿的催化性能优于稀土精矿和赤铁矿的催化性能，实验结果表明铁-稀土共生体的催化性能优于赤铁矿单体和氟碳铈矿单体的催化性能。

从图 8-4 中可以看出，随着温度的升高，稀土尾矿和赤铁矿的脱硝率逐渐增大。而稀土精矿的脱硝率先增大后减小，说明稀土精矿的耐高温性能较差，其中800℃是稀土精矿最优脱硝率的温度值。随着温度的升高，稀土尾矿和赤铁矿的催化活性逐渐增加，说明稀土尾矿和赤铁矿的耐高温特性较好。在高温情况下，稀土尾矿和赤铁矿的脱硝率只相差 6%，说明稀土尾矿中的主要催化活性矿相为赤铁矿，而且稀土尾矿中的赤铁矿-氟碳铈矿连生体催化活性要高于赤铁矿单体的催化活性。

8.3　赤铁矿-氟碳铈矿连生体的催化脱硝性能

为了验证铁-稀土共生体具有联合催化作用，根据稀土尾矿中各种矿物的比磁化系数的不同，选用强磁选的方法对稀土尾矿进行筛选，分别得到磁性强度不同的矿物，进而再对其活性进行检测，探究稀土尾矿中赤铁矿-氟碳铈矿连生体的联合催化作用。

8.3.1　稀土尾矿中各矿物的磁选分离

如图 8-5 所示为 GYH 系列超强辊式磁选机，其功能可根据不同电压产生出不同强度的磁场，磁场强度范围是 500~12000GS。分别对稀土尾矿进行不同磁场强度的磁选。表 8-3 为稀土尾矿中各矿物的磁化性质，稀土尾矿中磁铁矿的磁性大于 $46000×10^{-6} cm^3/g$，属于强磁性矿物；其中赤铁矿、氟碳铈矿、独居石、钠辉石、钠闪石的比磁化系数在 $（10~70）×10^{-6} cm^3/g$ 之间，属于弱磁性矿物；其中萤石、重晶石、石英、石灰石的比磁化系数仅在 $（1~5）×10^{-6} cm^3/g$ 之间，属于无磁性矿物。通过强磁选将具有弱磁选的矿物选出，主要为赤铁矿单体、氟碳铈矿单体等具有催化活性的单体解离矿物，而无磁性矿物主要为萤石、石英、脉石等矿物以及与之连生的铁矿物、稀土矿物等具有催化活性的连生体矿物。

图 8-5　超强辊式磁选机

表 8-3　稀土尾矿中各矿物的磁化性质

矿物名称	化学组成	比磁化系数/$10^{-6} cm^3 \cdot g^{-1}$
磁铁矿	Fe_3O_4	>46000
赤铁矿	Fe_2O_3	18~30
氟碳铈矿	$Ce（CO_3）F$	11~13.5

矿物名称	化学组成	比磁化系数/$10^{-6}cm^3 \cdot g^{-1}$
独居石	$CePO_4$	12.6
钠辉石	$NaFe(SiO_2O_6)$	67.3
钠闪石	$Na_2Fe_2+(Si_8O_{22})(OH)_2$	37.9
萤石	CaF_2	4.2
重晶石	$BaSO_4$	1.3
石英	SiO_2	3.5
石灰石	$CaCO_3$	2.4

如图 8-6 所示为稀土尾矿的磁选步骤，首先将 200 目以上的稀土尾矿在 12000GS 的磁场强度下进行磁选 3 次，分别得到强磁选精矿和强磁选尾矿，强磁选精矿为有磁性矿物（1 号矿），强磁选尾矿为无磁性矿物（2 号矿）。进而分别探究稀土尾矿和磁选出的 2 种矿物催化还原 NO 的性能，判断稀土尾矿中催化还原 NO 的活性物质。

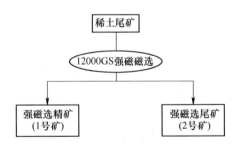

图 8-6 稀土尾矿磁选方案

8.3.2 各种磁选矿物的脱硝性能分析

如图 8-7 所示为白云鄂博稀土尾矿在经过强磁选之后得到的 2 种矿物的脱硝率，1 号矿物为强磁选精矿属于有磁性矿物，其主要成分为单体解离矿物，在低温区的脱硝率相比原稀土尾矿的脱硝率有较大提升。2 号矿为强磁选尾矿属于无磁性矿物，其主要成分为连生体矿物，在低温区的脱硝率比原稀土尾矿的脱硝率高得多，也比强磁选精矿的脱硝率高。在高温区，三种矿物的脱硝率差别不是很大，其中强磁选尾矿比原稀土尾矿的脱硝率略高，而强磁选精矿比原稀土尾矿的脱硝率略低一些。

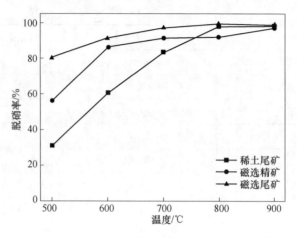

图 8-7　各类矿物的脱硝率

在低于 800℃ 的温度下，磁选精矿的脱硝率高于原稀土尾矿，磁选尾矿的脱硝率比磁选精矿和稀土尾矿都高。在 500℃ 时，稀土尾矿的脱硝率为 30.8%，磁选精矿的脱硝率为 56.1% 比稀土尾矿高 25.3%，磁选尾矿的脱硝率为 80.2% 比稀土尾矿高 50.6%。在 600℃ 时，稀土尾矿的脱硝率为 60.5%，磁选精矿的脱硝率为 86.3% 比稀土尾矿高 25.8%，磁选尾矿的脱硝率为 91.5% 比稀土尾矿的脱硝率高 31.5%。在高于 800℃ 的温度下，磁选精矿的脱硝率低于稀土尾矿，磁选尾矿的脱硝率比磁选精矿和稀土尾矿都高。在 800℃ 时，稀土尾矿的脱硝率为 97.8%，磁选精矿的脱硝率为 91.87% 比稀土尾矿略低，磁选尾矿的脱硝率为 99.47% 比稀土尾矿略高。磁选精矿的主要成分为单体解离矿相，主要的催化活性矿相为氟碳铈矿，磁选尾矿的主要成分为连生体矿相，主要的催化活性矿相为赤铁矿-氟碳铈矿连生体矿相。说明赤铁矿-氟碳铈矿连生体的催化活性强于单体解离矿相的催化活性。

8.3.3　各种磁选矿物的化学组分分析

表 8-4 为稀土尾矿经过 12000GS 强磁磁选后所得两种分离矿物的 XRF 元素分析。根据各种矿物的元素分析，强磁选精矿相比于稀土尾矿 Fe、La、Ce 的含量增长较多，Ca、Si 的含量减少较多。说明强磁选精矿通过磁选将弱磁性的单体矿相富集，主要为赤铁矿、氟碳铈矿等弱磁性矿物。强磁选尾矿中主要以 Si、Ca 两种元素的含量增长较多，Fe、La、Ce 的含量下降较多。说明强磁选尾矿通过磁选后剩余的主要为萤石、石英、脉石等无磁性矿物以及铁矿石与氟碳铈矿、萤石等连生的矿物。基于强磁选后各矿物的催化活性与元素分析，可以验证稀土尾矿中的赤铁矿-氟碳铈矿连生体矿相的催化活性强于稀土尾矿中的单体解离矿相。

表 8-4　强磁磁选后各矿物元素含量分析（质量分数）　　（%）

元素名称	稀土尾矿	强磁选精矿（1 号矿）	强磁选尾矿（2 号矿）
O	45.818	51.982	50.124
Na	0.665	0.850	0.447
Al	0.257	0.520	0.416
Si	2.231	1.641	12.69
P	0.707	0.328	0.549
S	1.428	0.722	1.725
Cl	0.033	0.062	0.039
K	0.271	0.436	0.247
Ca	14.396	0.9159	24.129
Ti	0.541	0.541	0.331
Mn	1.428	1.235	0.382
Fe	25.678	27.216	5.881
Sr	0.076	0.031	0.042
Zr	0.032	0.047	0.053
Nb	0.109	0.052	0.068
Ba	1.150	0.819	0.569
La	1.823	2.617	0.146
Ce	3.39	6.040	0.294
Pr	0.690	0.869	0.276
Nd	1.289	1.313	0.644

8.4　赤铁矿-氟碳铈矿连生体模型的联合催化作用

8.4.1　稀土共生矿中赤铁矿-氟碳铈矿连生体的物理模型

　　白云鄂博矿石中铁矿物、稀土矿物、萤石三种矿物间共生关系极为密切，其各矿物的微细颗粒互为包裹，形成了这种矿物难以单体解离。铁矿物以细粒为主，高度分散，与萤石、稀土矿物嵌生密切。稀土矿物常包裹在铁矿物和萤石外部。由于稀土尾矿中的铁矿物含量较多，而且单体解离很少。所以建立以赤铁矿为核心的负载氧化铈的铁基氧化物结构模型，通过负载不同比例的氧化铈形成嵌布结构的赤铁矿-氟碳铈矿连生体。

　　赤铁矿-氟碳铈矿连生体的制备采用水热合成法，选取氧化铁颗粒为载体，利用水热釜提供的高温高压环境将氧化铈负载在氧化铁颗粒表面。首先将氧化铁颗粒放置在 $Ce(NO)_3$ 溶液中，然后将浸渍过的氧化铁颗粒过滤、干燥、高温焙烧制成负载氧化铈的铁基复合氧化物催化剂。具体实验步骤：取氧化铁颗粒 5g 分别和 5%、10%、15%比例的 Ce(NO)₃ 溶液放入烧杯中，磁力搅拌器充分搅拌后将其放入反应釜中（本实验选用的水热反应釜为 50mL 容量），不同温度的水热恒温保持 12h 使其充分反应，过滤取滤液。过滤后在 110℃烘箱中干燥 4h，再氮气保护下不同温度焙烧 3h，制成负载不同比例氧化铈的赤铁矿-氟碳铈矿连生体催化剂。

8.4.2 负载氧化铈的铁基氧化物催化脱硝性能

负载氧化铈的铁基氧化物催化脱硝实验在模拟烟气的气氛下，研究了不同温度、不同负载量条件下铁基氧化物催化 CO 还原 NO 脱硝率的分析。在本实验中，通入模拟烟气的总流量为 500mL/min。所通入的气体有 NO、CO、N_2，其中 N_2 的作用是作为平衡气。该实验中所选的温度有四组，分别为 600℃、700℃、800℃和900℃；CeO_2 与 Fe_2O_3 的质量比分别为 5%、10%、15%，分别表示为 Fe-Ce(5%)、Fe-Ce(10%)、Fe-Ce(15%)。

如图 8-8 所示为 CO∶NO = 2∶1 状态下不同铁基氧化物催化剂的 NO 转化率的曲线分析图。从曲线分析图的变化趋势可以看出，负载氧化铈的铁基氧化物脱硝率高于原氧化铁催化剂，随着氧化铈负载量的增加，铁基氧化物催化脱硝的 NO 转化率逐渐增加。在 800℃时，氧化铁的脱硝率为 74.84%，负载 5%氧化铈的铁基氧化物脱硝率为 87.9%，负载 10%氧化铈的铁基氧化物脱硝率为 89.85%，负载 15%氧化铈的铁基氧化物脱硝率为 96.78%。分别比单纯的氧化铁脱硝率提高 13.1%、15%、21.9%。在 900℃，氧化铁的脱硝率为 80.15%，负载 5%氧化铈的铁基氧化物脱硝率为 95.13%，负载 10%氧化铈的铁基氧化物脱硝率为

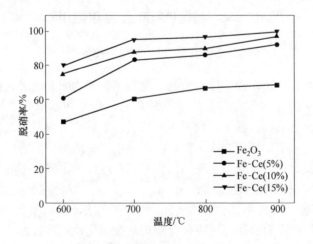

图 8-8　铁基氧化物的脱硝率

96.85%，负载15%氧化铈的铁基氧化物脱硝率为99.52%。分别比单纯的氧化铁脱硝率提高15%、16.7%、19.4%。从图中可以看出，随着温度的升高，铁基氧化物的脱硝率逐渐增大。在高温情况下，氧化铁的脱硝率为80%，不同负载量的铁基氧化物的脱硝率很接近，脱硝率都在95%以上。说明负载氧化铈的铁基氧化物形成的赤铁矿-氟碳铈矿连生体催化活性比单体的氧化铁催化活性要高得多，体现了铁-稀土共生体的联合催化作用。

8.4.3　赤铁矿-氟碳铈矿连生体物理模型的实验验证

如图8-9所示为基于赤铁矿-氟碳铈矿连生体建立的负载氧化铈的铁基氧化物模型与磁选尾矿的脱硝率对比。从图上可以看出从500~900℃的温度范围内，除了700℃和800℃之间有些偏差外，二者的脱硝率基本相近。在700℃时，磁选尾矿的脱硝率为97.4%，铁基氧化物的脱硝率为95.13%，二者的偏差只有2.3%。在800℃时，磁选尾矿的脱硝率为99.47%，铁基氧化物的脱硝率为96.85%，二者的偏差为2.6%。可以看出建立的负载氧化铈的铁基氧化物模型与磁选尾矿中真实的赤铁矿-氟碳铈矿连生体是比较接近的，该模型是比较符合物理真实的，是合理可行的。

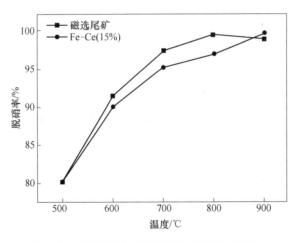

图8-9　磁选尾矿与铁基氧化物的脱硝率对比

8.4.4　负载氧化铈的铁基氧化物 SEM 分析

对负载不同比例氧化铈的铁基氧化物做了扫描电镜分析如图8-10所示，可以发现每组催化剂表面嵌布明显，负载5%氧化铈的铁基氧化物 Fe-Ce(5%) 表面嵌布的氧化铈较少；负载10%氧化铈的铁基氧化物 Fe-Ce(10%) 表面嵌布的氧化铈颗粒明显增多；负载15%氧化铈的铁基氧化物 Fe-Ce(15%) 表面嵌布的氧化铈颗粒较多，氧化铈颗粒分散均匀，分散度好。负载氧化铈的铁基氧化物表面凹凸不平，将其放大可以看到样品的微孔内部也有很多凹槽及颗粒，大大增加了催化剂与气体接触的面积。说明氧化铈与氧化铁形成的嵌布结构，具有更大的比表面积，有利于催化反应的进行。

图 8-10　铁基氧化物催化剂的 SEM 图

(a) Fe-Ce(5%)；(b) Fe-Ce(10%)；(c) Fe-Ce(15%)

8.4.5　负载氧化铈的铁基氧化物 XRD 分析

为确定负载氧化铈的铁基氧化物催化剂的晶相，对三组催化剂做了 XRD 表征，结果如图 8-11 所示。在图中发现有 Fe_2O_3 和 CeO_2 的晶相，说明 Fe_2O_3 和 CeO_2 在催化剂表面成聚集态，形成赤铁矿-氟碳铈矿连生体。其中负载 5% 氧化铈的铁基氧化物 Fe-Ce(5%) 表面的 Fe_2O_3 和 CeO_2 峰值都比较高，说明氧化铈与氧化铁的晶相结构完整，氧化铈的分散度不好；负载 10% 氧化铈的铁基氧化物 Fe-Ce(10%) 表面的 Fe_2O_3 和 CeO_2 峰值有所减小，说明氧化铈和氧化铁的分散性增加，分布更加均匀；负载 15% 氧化铈的铁基氧化物 Fe-Ce(15%) 表面的

Fe$_2$O$_3$ 和 CeO$_2$ 峰值更小，说明氧化铈与氧化铁的分散性更好，二者形成均匀分散的嵌布结构。

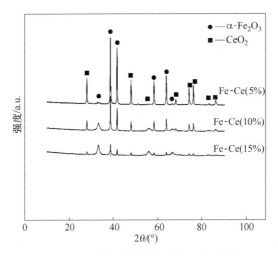

图 8-11 铁基氧化物催化剂的 XRD 谱图

8.4.6 负载氧化铈的铁基氧化物 XPS 分析

Fe 元素主要以 Fe^{2+}、Fe^{3+} 两种价态存在于催化剂中，由图 8-12 可知 BE ≈ 716.1eV 归属为 Fe^{2+}，BE ≈ 733.8eV 归属为 Fe^{3+}。对该样品进行分峰拟合得到相应的峰面积，计算得出 Fe^{2+}/(Fe^{3+} + Fe^{2+}) 的相对含量，分别占总 Fe 量的 18.7%、20.8%以及 24.5%。铁基氧化物催化剂中的 Fe^{2+} 含量与催化剂中氧空穴的形成有着紧密关系，Fe^{2+} 含量越多，则代表催化剂中氧空穴的含量越大，催化剂的脱硝活性就越好。因此铁基氧化物负载氧化铈含量越高，催化脱硝活性越好。

Ce 元素主要以 Ce^{4+}、Ce^{3+} 两种价态存在于化合物中，由图 8-13 可知其中 u_1(BE ≈ 916.2eV)、u_2(BE ≈ 907.2eV)、u_3(BE ≈ 900.7eV)、u_4(BE ≈ 898eV)、u_5(BE ≈ 888.7eV)、u_6(BE ≈ 882.2eV) 这六个峰归属于 Ce^{4+} 的特征峰。Ce^{3+} 的特征峰出现在 v_1(BE ≈ 903.9eV)、v_2(BE ≈ 899.7eV)。对该样品的峰进行分峰拟合得到相应的峰面积，计算得出 Ce^{3+}/(Ce^{4+} + Ce^{3+}) 的相对含量，分别占 Ce 总量的 9.1%和 13.7%。一般认为，Ce^{3+} 含量与氧空位的出现有关，Ce^{3+} 越多则代表氧空位的含量越多，催化剂的催化活性越好。因此，铁基氧化物负载氧化铈含量约高，催化脱硝活性越好。

如图 8-14 所示显示了催化剂 O1s 图谱，位于 529.8~530.2eV 处的峰可归为配位饱和的晶格氧物种（O^{2-}），（记为 O$_\beta$），在 531.2~531.6eV 的峰则属于配位

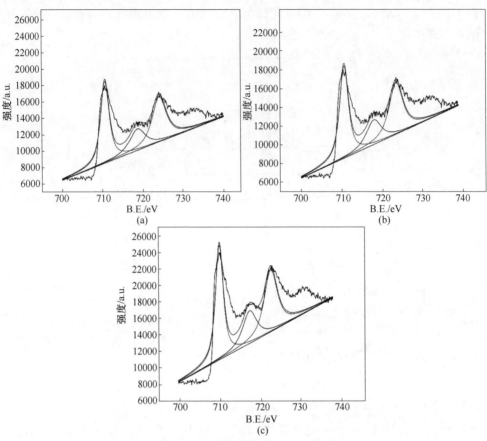

图 8-12　铁基氧化物催化剂的 Fe2p 轨道表征

（a）Fe-Ce(5%)；（b）Fe-Ce(10%)；（c）Fe-Ce(15%)

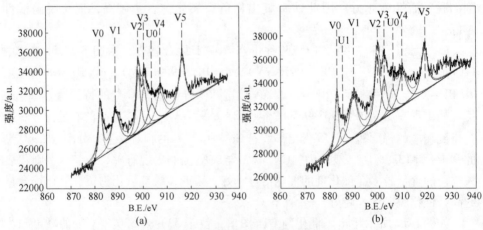

图 8-13　铁基氧化物催化剂的 Ce3d 轨道 XPS 表征

（a）Fe-Ce(10%)；（b）Fe-Ce(15%)

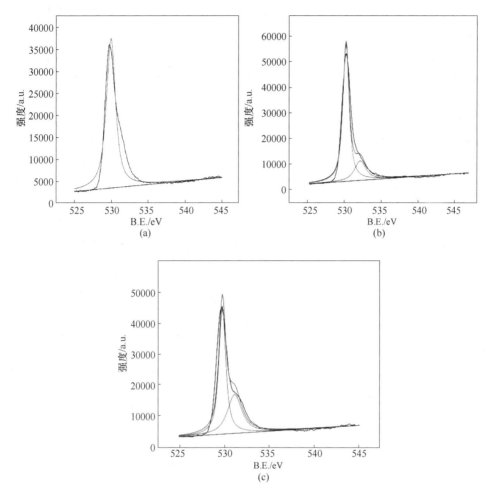

图 8-14 铈铁氧化物催化剂的 O1s 轨道 XPS 表征
(a) Fe-Ce(5%); (b) Fe-Ce (10%); (c) Fe-Ce(15%)

不饱和氧物种 (记为 O_α)。一般认为 O_α 的浓度跟催化剂的催化活性是相关的,浓度越高,则催化活性就会越好。因此,铁基氧化物负载氧化铈含量越高,催化活性越好。

本 章 小 结

本章分析稀土共生矿中各矿相的连生特性,提出将稀土共生矿分类为单体解离矿相和连生体矿相,通过稀土共生矿中铁-稀土共生矿催化脱硝的性能实验,研究稀土共生矿中赤铁矿-氟碳铈矿连生体的催化性能。在 800℃时,稀土尾矿催化脱硝的 NO 转化率最高,最高效率达到 76.4%。赤铁矿催化脱硝的最高效率为

70.5%，稀土精矿的催化脱硝最高效率仅为 65.4%。实验表明稀土尾矿的催化性能优于稀土精矿和赤铁矿的催化性能，实验结果表明铁-稀土共生体的催化性能优于赤铁矿单体和氟碳铈矿单体的催化性能。

为了进一步验证该结论，对稀土尾矿进行强磁选，将稀土尾矿中的弱磁选的单体矿相通过强磁选分离出来，剩下无磁选的连生体矿相。通过稀土尾矿中赤铁矿-氟碳铈矿连生体催化脱硝的性能实验，研究稀土尾矿中赤铁矿-氟碳铈矿连生体的催化性能。在 700℃时，稀土尾矿的脱硝率为 83.5%，磁选精矿的脱硝率为 91.4%比稀土尾矿高 8%，磁选尾矿的脱硝率为 97.4%比稀土尾矿高 14%。实验结果表明强磁选尾矿催化活性高于强磁选精矿和原稀土尾矿，验证了赤铁矿-氟碳铈矿连生体的催化活性高于单体解离矿相的假设。

对稀土尾矿里的赤铁矿-氟碳铈矿连生体结构建立负载氧化铈的铁基氧化物物理模型，分别研究了负载不同比例氧化铈的赤铁矿-氟碳铈矿连生体催化剂催化 CO 还原 NO 的性能。800℃时，氧化铁的脱硝率为 74.84%，负载 5%氧化铈的铁基氧化物脱硝率为 87.9%，负载 10%氧化铈的铁基氧化物脱硝率为 89.85%，负载 15%氧化铈的铁基氧化物脱硝率为 96.78%。分别比单纯的氧化铁脱硝率提高 13.1%、15%、21.9%。通过对比不同类型催化剂催化脱硝活性的影响，从而找出赤铁矿-氟碳铈矿连生体催化活性的构效关系。通过建立的赤铁矿-氟碳铈矿连生体模型的结构表征和表面特征分析，研究赤铁矿-氟碳铈矿连生体联合催化脱硝的作用机理。发现负载氧化铈的铁基氧化物具有较多的活性位点和氧空位，因此具有优异的催化脱硝性能。

⑨ 稀土尾矿结构表征与分析

<<<<<<<<<<<<<<<<<<<<<<<<<<<<<<<<<<<<<<<<<<<<<<<<<<<<<<<<<<<<<<<<

9.1 XRD 分析

如图 9-1 所示为稀土尾矿、磁选尾矿脱硝反应前后的 XRD。由图可知稀土尾矿及磁选尾矿都可以找到比较明显的萤石（CaF_2）、赤铁矿（Fe_2O_3）、黄铁矿（FeS_2）、氟碳铈矿（$CeCO_3F$）、重晶石（$BaSO_4$）、石英（SiO_2）和闪石的衍射峰。磁选尾矿 24°、33°以及 35.8°处的赤铁矿衍射峰都较稀土尾矿更宽矮，而且在 62.5°和 64°处丢失了两个赤铁矿衍射峰，说明了磁选尾矿中的赤铁矿相对含量更低，分散度更好。磁选尾矿在 56.2°附近有一个明显的黄铁矿衍射峰，说明了磁选尾矿中的黄铁矿相对含量更高。反应后稀土尾矿及磁选尾矿萤石衍射峰变得更加尖锐，说明萤石在加热的情况下晶型会进一步发育，结晶度变大。反应后稀土尾矿及磁选尾矿在 18°附近都丢失了一个氟碳铈矿的衍射峰，31°附近氟碳铈矿衍射峰变得尖锐。证明反应过程中氟碳铈矿会受热分解，晶型会进一步发育。反应后稀土尾矿及磁选尾矿都丢失了所有的黄铁矿衍射峰，且反应后磁选尾矿的赤铁矿衍射峰变得更加尖锐，证明反应过程中，黄铁矿会受热分解，形成的 Fe^{2+} 会随着反应的进行逐步变成 Fe_2O_3，即在反应中会有更多的 Fe^{2+} 向 Fe^{3+} 转变，从而促进还原脱硝反应进行。

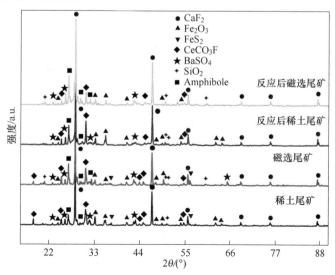

图 9-1　稀土尾矿和磁选尾矿脱硝反应前后 XRD

9.2　XPS 分析

如图 9-2 所示为稀土尾矿和磁选尾矿 Ce 3d XPS 能谱图。Ce 元素主要以 Ce^{3+} 和 Ce^{4+} 两种价态存在于化合物中，其中 Ce^{3+} 的特征峰出现在 u_0(BE≈880.6eV)、u_1(BE≈884.4eV)、u_2(BE≈899.3eV)、u_3(BE≈903.9eV)；Ce^{4+} 的特征峰出现在 v_0(BE≈882.2eV)、v_1(BE≈888.6eV)、v_2(BE≈898eV)、v_3(BE≈900.7eV)、v_4(BE≈907.2eV)、v_5(BE≈916.15eV)[64,65]。由图可知稀土尾矿和磁选尾矿的 Ce 元素主要以 Ce^{3+} 和 Ce^{4+} 形式共存，两尾矿整体峰型相似均呈现两个峰群。通过计算得到稀土尾矿和磁选尾矿的 Ce^{3+} 与 Ce^{4+} 相对含量如表 9-1 所示，由此可知磁选尾矿中的 Ce^{3+} 相对含量明显多于稀土尾矿中 Ce^{3+} 相对含量，较高比重 Ce^{3+} 已经被证实可以促进氧空位形成以及 NO 的分解，有利于催化脱硝[23]，从而导致磁选尾矿脱硝活性优于稀土尾矿。

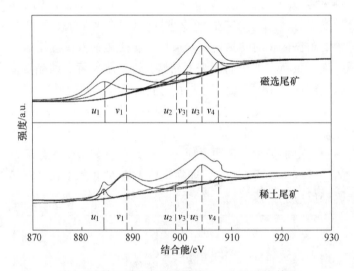

图 9-2　稀土尾矿和磁选尾矿 Ce 3d XPS 能谱图

表 9-1　稀土尾矿、磁选尾矿 Ce 元素价态含量统计

样　品	Ce^{3+}/%	Ce^{4+}/%
稀土尾矿	48.5	51.5
磁选尾矿	59.2	40.8

如图 9-3 所示为稀土尾矿和磁选尾矿 Fe 2p XPS 能谱图。其中 Fe^{2+} 的特征峰出现在 U_1(BE≈709.5eV)、U_2(BE≈713.6eV)、U_3(BE≈716.4eV)、U_4(BE≈722.8eV)；Fe^{3+} 的特征峰出现在 W_1(BE≈711.2eV)、W_2(BE≈

724eV)$^{[66]}$。由图可知稀土尾矿和磁选尾矿的 Fe 元素主要以 Fe^{2+}、Fe^{3+} 形式共存，说明两种尾矿都具有一定氧化还原能力。通过计算得到稀土尾矿和磁选尾矿中 Fe^{2+} 与 Fe^{3+} 相对含量见表 9-2，由此可知磁选尾矿中 Fe^{2+} 相对含量明显多于稀土尾矿中 Fe^{2+} 相对含量，Fe^{2+} 相对含量越高则催化剂还原能力越强，证明磁选尾矿比稀土尾矿拥有更强的还原能力，从而使磁选尾矿脱硝活性优于稀土尾矿。

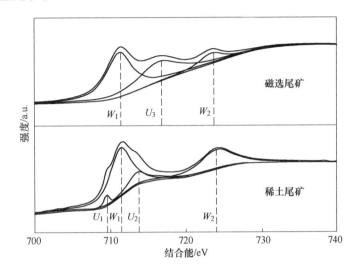

图 9-3　稀土尾矿和磁选尾矿 Fe 2p XPS 能谱图

表 9-2　稀土尾矿、磁选尾矿 Fe 元素价态含量统计

样　品	Fe^{2+}/%	Fe^{3+}/%
稀土尾矿	30.2	69.8
磁选尾矿	36.7	63.3

如图 9-4 所示为稀土尾矿和磁选尾矿 O 1s XPS 能谱图。由图可知稀土尾矿与磁选尾矿整体峰型一致均呈现位于 $BE \approx 529.5 \sim 530.5eV$ 之内的晶格氧峰（O_β）以及位于 $BE \approx 531.5 \sim 533.0eV$ 之内的表面吸附氧峰（O_α）$^{[67]}$。已有研究表明表面吸附氧（O_α）对于催化脱硝过程中起到至关重要的作用，既可以促进 CO 的氧化又可以促进 NO 的化学吸附$^{[23,68]}$。通过计算得到稀土尾矿和磁选尾矿表面吸附氧（O_α）与晶格氧（O_β）相对含量见表 9-3，由此可知磁选尾矿表面吸附氧（O_α）相对含量明显多于稀土尾矿，这也是磁选尾矿脱硝性能优于稀土尾矿的原因之一。

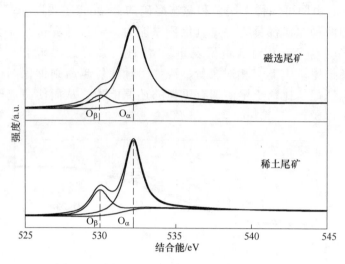

图 9-4   稀土尾矿和磁选尾矿 O 1s XPS 能谱图

表 9-3   稀土尾矿、磁选尾矿 O 元素价态含量统计   （％）

样　　品	O_α	O_β
稀土尾矿	70.3	29.7
磁选尾矿	87.5	12.5

9.3   矿物定量分析

　　表 9-4、表 9-5 分别为稀土尾矿、磁选尾矿的矿物组成分析结果。由表可知磁选尾矿比稀土尾矿氟碳铈矿 $CeCO_3F$、独居石（Ce，La）PO_4、黄铁矿 FeS_2 含量更高，说明经过 12000GS 磁选后，氟碳铈矿、独居石及黄铁矿在磁选尾矿中得到富集。第 4 章中脱硝活性测试结果可知，联合脱硝中，磁选尾矿脱硝活性优于稀土尾矿；第 9.2 节中 XPS 分析可知尾矿中铁类矿物、稀土类矿物通过 Fe 离子、Ce 离子价态变化对催化脱硝起到重要作用。综上所述氟碳铈矿、独居石及黄铁矿可能为主要活性矿相，促进催化反应进行。已有文献报道过氟碳铈矿、独居石可以促进催化反应进行，结合第 9.1 节中 XRD 分析可知黄铁矿促进反应进行原因是在反应过程中热解形成更多的 Fe^{2+}，增大尾矿的还原能力，从而有利于催化反应的进行。虽然稀土尾矿中赤铁矿（Fe_2O_3）含量高于磁选尾矿中赤铁矿含量，但是赤铁矿作为尾矿中铁类矿物最主要的矿相，尾矿中大部分 Fe^{3+} 分布于赤铁矿中，所以它也应为尾矿中主要活性矿相之一。

表 9-4　稀土尾矿矿物定量分析表（质量分数）　　　　（%）

矿物	萤石	氟碳铈矿	独居石	赤铁矿	黄铁矿	钛铁矿	石英	长石
含量	17.58	9.83	3.72	30.01	6.09	0.46	1.23	0.61
矿物	闪石	辉石	云母	白云石	方解石	磷灰石	重晶石	其他矿物
含量	3.51	1.76	1.94	6.51	0.95	2.79	8.63	4.38

表 9-5　磁选尾矿矿物定量分析表（质量分数）　　　　（%）

矿物	萤石	氟碳铈矿	独居石	赤铁矿	黄铁矿	钛铁矿	石英	长石
含量	24.74	11.28	3.92	9.12	8.66	0.30	3.69	1.54
矿物	闪石	辉石	云母	白云石	方解石	磷灰石	重晶石	其他矿物
含量	3.08	4.60	1.93	4.06	1.71	4.29	12.77	4.31

9.4　矿物解离度及嵌布关系分析

9.4.1　矿物解离度分析

　　表 9-6~ 表 9-8 分别为稀土尾矿和磁选尾矿的赤铁矿、氟碳铈矿、独居石单体解离度分析。由表 9-6 可知稀土尾矿中赤铁矿单体含量明显高于磁选尾矿中赤铁矿单体含量。而磁选尾矿中赤铁矿比萤石连生体含量、硅酸盐矿物连生体含量、稀土矿物连生体含量以及与其他矿物连生体含量更高，说明磁选尾矿中赤铁矿与各类矿物连生关系更为发达。由表 9-7 可知稀土尾矿中氟碳铈矿单体含量高于磁选尾矿中氟碳铈矿单体含量。而磁选尾矿中氟碳铈矿比萤石连生体含量、碳酸盐矿物连生体含量、硅酸盐矿物连生体含量以及与其他矿物连生体含量更高，说明磁选尾矿中氟碳铈矿与除铁类矿物以外的其他矿物连生关系更为密切。由表 9-8 可知稀土尾矿中独居石单体含量略微高于磁选尾矿中独居石单体含量。而磁选尾矿中独居石比萤石连生体含量、硅酸盐矿物连生体含量以及其他矿物连生体含量更高，说明磁选尾矿中独居石与除碳酸盐类矿物、铁类矿物以外的其他矿物连生关系更为密切。整体来看，稀土尾矿与磁选尾矿中主要的矿相赤铁矿、氟碳铈矿、独居石不仅以单体形式存在于尾矿中，还有着与其他矿相连生的形式存在于尾矿中。而且赤铁矿、氟碳铈矿、独居石与其他矿相的连生体含量占比并不低，其中磁选尾矿中这三种矿相比其他矿相连生关系更为发达。

表 9-6　赤铁矿单体解离度（质量分数）　　　　　　　　　　　（%）

尾矿种类	单体	连 生 体				
		与萤石连生	与碳酸盐矿物连生	与硅酸盐矿物连生	与稀土矿物连生	与其他矿物连生
稀土尾矿	71.62	9.19	3.00	3.81	6.94	5.44
磁选尾矿	63.82	12.11	2.31	5.09	9.03	7.64

表 9-7　氟碳铈矿单体解离度（质量分数）　　　　　　　　　　（%）

尾矿种类	单体	连 生 体				
		与萤石连生	与碳酸盐矿物连生	与硅酸盐矿物连生	与铁矿物连生	与其他矿物连生
稀土尾矿	53.79	11.26	3.02	3.99	16.85	11.09
磁选尾矿	50.21	15.58	3.06	7.17	8.12	15.86

表 9-8　独居石单体解离度（质量分数）　　　　　　　　　　（%）

尾矿种类	单体	连 生 体				
		与萤石连生	与碳酸盐矿物连生	与硅酸盐矿物连生	与铁矿物连生	与其他矿物连生
稀土尾矿	46.95	12.92	5.55	5.89	17.91	10.77
磁选尾矿	46.53	15.05	4.77	8.20	9.67	15.78

9.4.2　矿物嵌布关系分析

　　如图 9-5 所示为稀土尾矿 EDS 面扫能谱分析图。由图 9-5（a）可知该扫面界面内，尾矿主要以萤石和氟碳铈矿组成，其中氟碳铈矿与萤石包裹型及毗邻型共生。由图 9-5（b）可知该扫面界面内，尾矿主要以氟碳铈矿、赤铁矿、萤石、石英组成，其中赤铁矿与氟碳铈矿包裹型共生，氟碳铈矿与萤石包裹型共生，萤石与石英毗邻型共生。由图 9-5（c）可知该扫描界面内，尾矿主要以赤铁矿、氟碳铈矿、萤石组成，其中赤铁矿与萤石包裹型及毗邻型共生，氟碳铈矿与赤铁矿包裹型及毗邻型共生。由图 9-5（d）可知该扫面界面内，尾矿主要以黄铁矿、独居石、萤石组成，其中黄铁矿、独居石及萤石三种矿物毗邻型共生，黄铁矿、萤石包裹型共生，独居石与萤石包裹型共生。由图 9-5（e）可知该扫描界面内，尾矿主要以氟碳铈矿、赤铁矿、萤石、石英组成，其中氟碳铈矿与萤石毗邻型共生，赤铁矿与石英毗邻型共生。由图 9-5（f）可知该扫面界面内，尾矿主要以赤铁矿、独居石、石英组成，其中赤铁矿、独居石、石英三种矿物毗邻型共生，赤铁矿与独居石包裹型及毗邻型共生。

　　通过以上分析结合第 9.3 节矿物定量分析可知，尾矿中包含了多种矿相，这些矿相不仅仅以单体的形式存在，矿相与矿相之间还存在着错综复杂的连生关系，这些连生关系为多矿相协同催化作用提供了可能，并且这种多矿相协同催化作用或许是尾矿催化脱硝的重要影响因素。

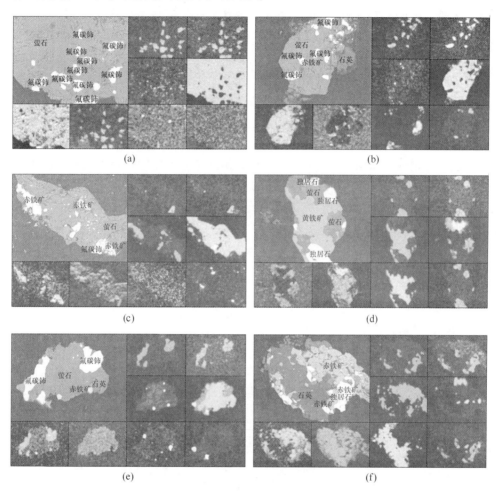

图 9-5　尾矿 EDS 面扫能谱分析图

9.5　H₂-TPR 分析

催化剂的氧化还原能力是影响催化活性的重要因素之一，本研究对稀土尾矿、磁选尾矿以及白云鄂博矿区某赤铁矿、黄铁矿、稀土精矿进行了磁选尾矿 H₂-TPR 实验，主要考察了稀土尾矿及磁选尾矿氧化还原能力、主要活性矿相的具体出峰位置及矿相间协同催化作用。这里稀土精矿主要成分为氟碳铈矿及独居石，选用稀土精矿是为了代表氟碳铈矿及独居石这两种矿物氧化还原能力情况。

结果如图9-6所示。由图可知，稀土尾矿与磁选尾矿整体峰型一致，稀土尾矿在530.1℃附近、623.9℃附近出现两个还原峰，磁选尾矿在504.7℃附近、600.6℃附近、674.3℃附近出现三个还原峰。赤铁矿在609.2℃附近出现一个明显的还原峰，黄铁矿在673.7℃附近出现一个明显的还原峰，稀土精矿在539.3℃附近和620.6℃附近出现两个还原峰。稀土尾矿的两个还原峰位置分别与稀土精矿第一个还原峰位置以及赤铁矿还原峰位置较为重合，而稀土精矿主要由氟碳铈矿及独居石组成，即可说明，稀土尾矿还原峰归属于氟碳铈矿还原峰、独居石还原峰以及赤铁矿还原峰；稀土尾矿起催化还原主要活性矿相为氟碳铈矿、独居石及赤铁矿。磁选尾矿第一个还原峰位置与稀土精矿第一个还原峰位置较为重合；磁选尾矿第二个还原峰位置与赤铁矿还原峰位置较为重合；磁选尾矿第三个还原峰位置与黄铁矿还原峰位置较为重合。即可说明，磁选尾矿还原峰归属于氟碳铈矿还原峰、独居石还原峰、赤铁矿还原峰及黄铁矿还原峰；磁选尾矿起催化还原主要活性矿相为氟碳铈矿、独居石、赤铁矿及黄铁矿。

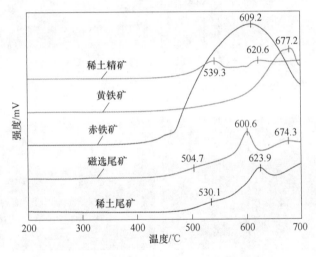

图 9-6   不同样品的 H_2-TPR 分析图

磁选尾矿三个还原峰位置均较品味更高的氟碳铈矿、独居石、赤铁矿、黄铁矿还原峰位置向低温方向移动。而且，由第4章分析结果可知磁选尾矿脱硝活性是明显优于稀土尾矿，从第5.4节分析结果可知磁选尾矿中矿相间连生关系较稀土尾矿更为发达。由以上可说明磁选尾矿中主要活性矿相（氟碳铈矿、独居石、赤铁矿、黄铁矿）与彼此之间以及与其他矿相之间存在协同催化作用，并且这种协同作用是有利于催化脱硝。

磁选尾矿前两个还原峰与稀土尾矿两个还原峰归属于同样的氟碳铈矿、独居石及赤铁矿还原峰，并且磁选尾矿前两个还原峰位置比稀土尾矿的两个还原峰位置都向低温方向移动，说明磁选尾矿对比稀土尾矿在温度更低的情况下就能发生催化还原反应。表9-9为稀土尾矿、磁选尾矿 H_2-TPR 耗氢量表，可知磁选尾矿耗氢量高于稀土尾矿耗氢量。在实验温度内，磁选尾矿比稀土尾矿拥有更多的还原峰，耗氢量更大，从而证明磁选尾矿的氧化还原能力及储氧能力比稀土尾矿更强。

表 9-9　稀土尾矿和磁选尾矿 H_2-TPR 耗氢量

样　品	耗氢量/$\mu mol \cdot g^{-1}$
稀土尾矿	156.1
磁选尾矿	192.8

9.6　尾矿催化还原机理分析

如图 9-7 所示分别为反应前磁选尾矿、反应中还原气氛条件下磁选尾矿、反

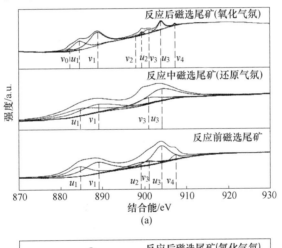

(a)

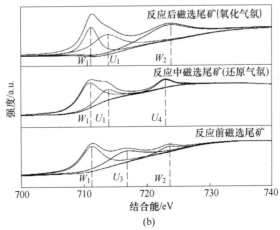

(b)

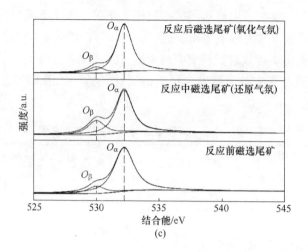

图 9-7　不同反应阶段磁选尾矿的 XPS 能谱图

（a）Ce 3d XPS 能谱图；（b）Fe 2p XPS 能谱图；（c）O 1s XPS 能谱图

应后氧化气氛条件下磁选尾矿的 Ce 3d、Fe 2p、O 1s XPS 能谱图，具体分峰拟合方式与第 9.2 节中分峰拟合方式相同，这里不再赘述。通过计算反应前磁选尾矿、反应中磁选尾矿、反应后磁选尾矿的 Ce^{3+}、Ce^{4+}、Fe^{2+}、Fe^{3+}、表面吸附氧（O_α）与晶格氧（O_β）相对含量见表 9-10。由此可知尾矿中 Fe^{2+} 反应前相对含量为 36.7%，在反应中还原性氛围下升高为 39.5%，在反应后氧化性氛围下降低为 33.9%；尾矿中 Ce^{3+} 相对含量反应前 59.2%，在反应中还原性氛围下升高为 68.1%，在反应后氧化性氛围下降低为 40.4%。说明尾矿在反应过程中的还原气氛下 Fe^{2+}、Ce^{3+} 相对含量会升高，加快晶格氧与表面吸附氧迁移速率，释放更多氧空位，促进催化反应进行；在反应后氧化性气氛下 Fe^{2+}、Ce^{3+} 相对含量会下降，储存更多的表面吸附氧，形成了 Fe^{2+}/Fe^{3+}、Ce^{3+}/Ce^{4+} 的循环。而表面吸附氧（O_α）反应前相对含量 87.5%，在反应中还原性氛围下降低到 73.6%，在反应后氧化性气氛下升高为 88.3%。说明尾矿在反应过程中还原气氛下，表面吸附氧（O_α）会参与反应中，而大量 CO 充斥在反应体系中，表面吸附氧（O_α）产生的速度不及消耗的速度，导致表面吸附氧（O_α）会有一定程度下降；在反应后氧化性气氛下，表面吸附氧（O_α）相对含量上升，吸附了反应体系中的氧，形成了 O_α/O_β 的循环。

表 9-10　反应各阶段磁选尾矿 Ce、Fe、O 元素价态含量统计　　　　　（%）

样　　品	Ce^{3+}	Ce^{4+}	Fe^{2+}	Fe^{3+}	O_α	O_β
反应前磁选尾矿	59.2	40.8	36.7	63.3	87.5	12.5
反应中磁选尾矿	68.1	31.9	39.5	60.5	73.6	26.4
反应后磁选尾矿	40.4	59.6	33.9	66.1	88.3	11.7

由以上分析可知，尾矿在催化反应整个过程中是符合如图 9-8 所示的"氧传递理论"。在整个催化反应过程中，CO 首先将尾矿中的 Fe^{3+}、Ce^{4+} 还原成 Fe^{2+}、Ce^{3+}，消耗表面吸附氧生成 CO_2；Fe^{2+}、Ce^{3+} 被 NO 氧化成 Fe^{3+}、Ce^{4+}，NO 发生化学吸附，形成表面吸附氧与吸附氮，表面吸附氮最终生成 N_2，循环往复，达到脱除 NO 目的。

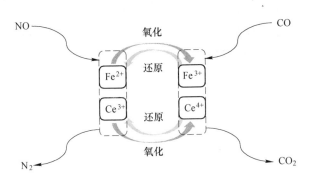

图 9-8　尾矿催化脱硝机理图

9.6.1　铈铁复合氧化物催化 C 还原 NO 的机理分析

对于煤的催化燃烧机理一般采用"氧传递理论"解释。该理论认为催化剂在煤的燃烧过程中作为氧传递的中间媒介，催化剂的活性氧空位能从烟气中吸附氧，并将其传递给碳，从而加速碳的氧化和燃烧，处于氧化-还原循环中。过渡金属氧化物和稀土金属氧化物的催化燃烧现象可以用"氧传递理论"来解释。

如图 9-9 所示，对于氧化铁的催化燃烧过程可以分析为：首先 Fe_2O_3 被 C 还原为 FeO；FeO 被 O_2 氧化又生成 Fe_2O_3。Fe_2O_3 作为催化剂，通过 FeO 与 Fe_2O_3 的氧化还原循环转换从而完成对于 C 燃烧过程的催化。对于氧化铈的催化燃烧过程可以分析为：首先 CeO_2 中的 Ce^{4+} 被 C 还原为 Ce^{3+}；Ce_2O_3 吸附 O_2 分子，Ce^{3+} 氧化生成 Ce^{4+}。CeO_2 作为催化剂，通过 Ce^{4+} 与 Ce^{3+} 的储氧释氧循环转换完成对于 C 燃烧过程的催化。由于 CeO_2 具有很强的储放氧功能，所以 CeO_2 的催化燃烧能力比氧化铁要强。因此稀土精矿比稀土原矿和稀土尾矿表现出较强的催化燃烧能力。

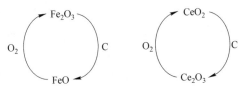

图 9-9　Fe_2O_3 与 CeO_2 的催化燃烧机理

如图 9-10 所示，对于氧化铁的催化脱硝过程也可以根据"氧传递理论"分析为：首先 Fe_2O_3 与碳颗粒接触并被还原为 FeO；FeO 吸附 NO 分子，并与 NO 反应生成 Fe_2O_3，同时 NO 被还原成 N_2。Fe_2O_3 作为催化剂，通过 FeO 与 Fe_2O_3 的氧化还原循环转换从而完成对于 C 还原 NO 过程的催化。由于 Fe_2O_3 具有较强的 C 还原能力，所以 Fe_2O_3 的催化脱硝能力比 CeO_2 强。对于氧化铈的催化脱硝过程也可以根据"氧传递理论"分析为：首先 CeO_2 与碳颗粒接触，Ce^{4+} 被 C 还原为 Ce^{3+}；Ce^{3+} 吸附 NO 分子，并与 NO 反应生成 Ce^{4+}；同时 NO 被还原为 N_2。CeO_2 作为催化剂，通过 Ce^{4+} 与 Ce^{3+} 的储氧释氧循环转换完成对于 C 还原 NO 过程的催化。

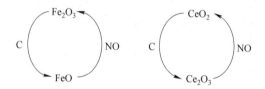

图 9-10　Fe_2O_3 与 CeO_2 的催化 C 还原 NO 机理

如图 9-11 所示，对于氧化铁与稀土氧化物的协同催化过程可以分析为：首先 Fe_2O_3 与碳颗粒接触，并被还原为 FeO；Ce^{4+} 被还原为 Ce^{3+}，同时 FeO 被氧化生成 Fe_2O_3。Ce^{3+} 吸附 NO 分子，并与 NO 反应生成 Ce^{4+}；同时 NO 被还原为 N_2。CeO_2 通过其储氧释氧功能作为催化剂助剂，对催化剂 Fe_2O_3 的氧化还原循环起到促进作用，从而促进了氧化铁催化剂对 C 还原 NO 的催化过程。

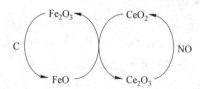

图 9-11　铈铁氧化物的协同催化 C 还原 NO 机理

9.6.2　铈铁复合氧化物催化 CO 还原脱硝的机理分析

对于氧化铁的催化脱硝过程可以分析为：首先 Fe_2O_3 吸附 CO 分子，并被还原为 FeO；FeO 吸附 NO 分子，并与 NO 反应生成 Fe_2O_3，同时 NO 被还原成 N_2。Fe_2O_3 作为催化剂，通过 FeO 与 Fe_2O_3 的氧化还原循环转换从而完成对于 CO 还原 NO 过程的催化。由于 Fe_2O_3 具有较强的 CO 还原能力，所以 Fe_2O_3 的催化脱硝能力比 CeO_2 强。计算各反应的吉布斯自由能变（反应温度为 500℃）：

$$Fe_2O_3 + CO = 2FeO + CO_2 \qquad \Delta G = -27.041 \text{kJ/mol} \qquad (9\text{-}1)$$

$$4FeO + 2NO \Longrightarrow 2Fe_2O_3 + N_2 \qquad \Delta G = -538.045kJ/mol \qquad (9-2)$$
$$2CeO_2 + CO \Longrightarrow Ce_2O_3 + CO_2 \qquad \Delta G = 53.527kJ/mol \qquad (9-3)$$
$$2Ce_2O_3 + 2NO \Longrightarrow 4CeO_2 + N_2 \qquad \Delta G = -699.182kJ/mol \qquad (9-4)$$

由计算结果可以看出，整个反应的限制环节是 CO 的吸附氧化反应，Fe_2O_3 与 CO 直接反应的吉布斯自由能很小，反应进行比较困难；而 FeO 与 NO 的反应吉布斯自由能很大，反应很容易进行。CeO_2 与 CO 的反应吉布斯自由能为正，说明 CeO_2 与 CO 不是直接反应的，而是通过 CeO_2 表面吸附 CO 分子，一部分 Ce^{4+} 被 CO 还原成 Ce^{3+}，并产生氧空位；Ce^{3+} 与 NO 反应后被氧化为 Ce^{4+}，从而实现氧的释放-储存循环过程。由于反应的限制环节是 CO 的吸附氧化反应，所以 Fe_2O_3 的催化能力比 CeO_2 强。

如图 9-12 所示，对于氧化铈的催化脱硝过程可以分析为：首先 CeO_2 吸附 CO 分子，Ce^{4+} 被还原为 Ce^{3+}；Ce^{3+} 吸附 NO 分子，并与 NO 反应生成 Ce^{4+}；同时 NO 被还原为 N_2。CeO_2 作为催化剂，通过 Ce^{4+} 与 Ce^{3+} 的储氧释氧循环转换完成对于 CO 还原 NO 过程的催化。

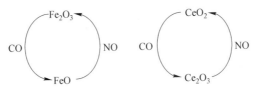

图 9-12　Fe_2O_3 与 CeO_2 的催化 CO 还原 NO 机理

如图 9-13 所示，对于 Fe_2O_3 与稀土氧化物的协同催化过程可以分析为：首先 Fe_2O_3 吸附 CO 分子，并被还原为 FeO；Ce^{4+} 失去氧原子被 FeO 还原为 Ce^{3+}，FeO 被氧化生成 Fe_2O_3。Ce^{3+} 吸附 NO 分子，并与 NO 反应生成 Ce^{4+}；同时 NO 被还原为 N_2。CeO_2 通过其储氧释氧功能作为催化剂助剂，对催化剂 Fe_2O_3 的氧化还原循环起到促进作用，从而促进了氧化铁催化剂对 CO 还原 NO 的催化过程。

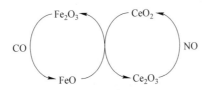

图 9-13　铈铁复合氧化物的协同催化 CO 还原 NO 机理

9.6.3　铈铁复合氧化物催化 C/CO 还原 NO 的联合作用分析

对于半焦脱硝过程，添加氧化铁和氧化铈后，既能够提高半焦异相还原脱硝性能，同时又能够催化 CO 均相还原脱硝的性能。因此，氧化铁与氧化铈催化剂对半焦的脱硝过程具有多重作用。通过上面的异相催化脱硝与均相催化脱硝机理分析，我们可以假设下面的异相催化脱硝与均相催化脱硝的联合作用机理，如图 9-14 所示。氧化铁与氧化铈催化剂催化 C 异相还原脱硝生成 CO，同时氧化铁和氧化铈催化剂催化 CO 还原 NO。Fe_2O_3 和 CeO_2 作为催化剂，通过氧化还原循环转换从而完成对于 CO 还原 NO 过程的催化，而 CO 的消耗又进一步促进了 C 的异相还原脱硝，从而形成异相催化脱硝与均相催化脱硝的联合作用。

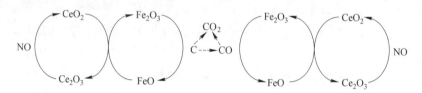

图 9-14　铈铁复合氧化物催化 C/CO 还原 NO 的联合作用机理

本 章 小 结

本章通过 XRD 分析、XPS 分析、矿物定量分析、矿物解离度分析、矿物嵌布关系分析、H_2-TPR 分析对尾矿脱硝原因进行论证，得到结论如下：

（1）通过对稀土尾矿和磁选尾矿反应前后 XRD 表征分析发现，在反应前后尾矿中萤石会晶型进一步发育，结晶度变大；尾矿中氟碳铈矿会受热分解，晶型进一步发育；尾矿中黄铁矿受热分解，形成的 Fe^{2+} 会随着反应的进行逐步变成 Fe_2O_3，过程中会有更多的 Fe^{2+} 向 Fe^{3+} 转变，促进脱硝反应进行。

（2）通过对比稀土尾矿与磁选尾矿 XPS 表征发现，导致磁选尾矿脱硝活性以及抑制 CO 生成效果优于稀土尾矿原因：磁选尾矿 Ce^{3+} 比重更高，较高比重 Ce^{3+} 可以促进氧空位形成以及 NO 的分解；磁选尾矿中 Fe^{2+} 比重更高，Fe^{2+} 比重越高则催化剂还原能力越强；磁选尾矿表面吸附氧比重更高，表面吸附氧可以促进 CO 的氧化以及 NO 的化学吸附。

（3）通过矿物定量分析发现，经过 12000GS 磁选后，氟碳铈矿、独居石、黄铁矿在磁选尾矿中得到富集。

（4）通过矿物解离度分析发现，尾矿中主要的矿相赤铁矿、氟碳铈矿、独居石不仅以单体的形式存在，还有着与其他矿相连生的形式存在。而且赤铁矿、氟碳铈矿、独居石与其他矿相的连生体含量占比也不低，其中磁选尾矿中这三种矿相与其他矿相连生关系更为发达。通过矿物嵌布关系分析发现，尾矿中矿相与矿相之间还存在着错综复杂的连生关系，其中矿相彼此包裹型共生、毗邻型共生较为普遍，这些连生关系为多矿相协同催化作用提供了可能。

（5）通过 H_2-TPR 表征发现，磁选尾矿氧化还原能力强于稀土尾矿。稀土精矿、赤铁矿、黄铁矿均在实验温度范围内出现还原峰，说明这些矿物本身是具有氧化还原活性的，而且稀土尾矿与磁选尾矿所有还原峰位置与这些矿物还原峰位置较为重合，证明尾矿中主要活性矿相为氟碳铈矿、独居石、赤铁矿以及黄铁矿。磁选尾矿还原峰位置均较品味更高的氟碳铈矿、独居石、赤铁矿、黄铁矿还原峰位置向低温方向移动，说明磁选尾矿中主要活性矿相之间以及与其他矿相之间存在协同催化作用，并且这种协同作用是有利于催化脱硝的。

（6）对反应前、反应中、反应后磁选尾矿进行 XPS 表征发现，Fe^{2+}、Ce^{3+} 在反应中比重会升高，加快晶格氧与表面吸附氧迁移速率，释放更多氧空位，促进催化反应进行；表面吸附氧会参与反应中，在反应中的还原性气氛下，表面吸附氧产生速度不及消耗速度，导致比重会有一定下降。尾矿中 Fe、Ce、O 元素含量在反应前中后三个阶段形成闭合循环，证明尾矿在整个脱硝反应过程中遵循氧传递理论。

参 考 文 献

[1] 国家统计局. 中国统计年鉴 2016 [M]. 北京：中国统计出版社，2015.

[2] 吴忠标. 大气污染控制工程 [M]. 北京：科学出版社，2002.

[3] 国电科学技术研究院. GB 13223-2011 火电厂大气污染物排放标准 [S]. 北京：中国环境科学出版社，2011.

[4] 环境保护部环境标准研究所. GB 28663-2012 炼铁工业大气污染物排放标准 [S]. 北京：中国环境科学出版社，2012.

[5] 环境保护部环境标准研究所. GB 3095-2012. 环境空气质量标准 [S]. 北京：中国环境科学出版社，2012.

[6] 阎维平. 洁净煤发电技术 [M]. 北京：中国电力出版社，2002.

[7] 吴宗鑫，陈文颖. 以煤为主多元化的清洁能源战略 [M]. 北京：清华大学出版社，2001.

[8] 钟秦. 燃煤烟气脱硫脱硝技术及工程应用 [M]. 北京：化学工业出版社，2002.

[9] 张强. 燃煤电站 SCR 烟气脱硝技术及工程应用 [M]. 北京：化学工业出版社，2007.

[10] 李俊华，杨恂，常化振. 烟气催化脱硝关键技术研发及应用 [M]. 北京：科学出版社，2015.

[11] Deng L, Jin X, Zhang Y, et al. Release of nitrogen oxides during combustion of model coals [J]. Fuel, 2016, 175：217-224.

[12] Zhang H, Jiang X, Liu J, et al. Application of density functional theory to the nitric oxide heterogeneous reduction mechanism in the presence of hydroxyl and carbonyl groups [J]. Energy Convers Manage, 2014, 83：167-176.

[13] Fan W, Li Y, Xiao M. Effect of preoxidation O_2 concentration on the reduction reaction of NO by char at high temperature [J]. Ind Eng Chem Res, 2013, 52：6101-6111.

[14] Li J, Chang H, Ma L, et al. Low-temperature selective catalytic reduction of NO_x with NH_3 over metal oxide and zeolite catalysts-A review [J]. Catal Today, 2011, 175：147-156.

[15] Izquierdo M T, Rubio B. Influence of char physicochemical features on the flue gas nitric oxide reduction with chars [J]. Environ Sci Technol, 1998, 32：4017-4022.

[16] Chambrion P, Orikasa H, Suzuki T, et al. A study of the C-NO reaction by using isotopically labelled C and NO [J]. Fuel, 1997, 76：493-498.

[17] Fang X, Fan C, Du L, et al. Reduction of nitric oxide from combustion flue gas by coal char [J]. CIESC J , 2014, 06：2249-2255.

[18] Pevida C, Arenillas A, Rubiera F, et al. Synthetic coal chars for the elucidation of NO heterogeneous reduction mechanisms [J]. Fuel, 2007, 86：41-49.

[19] Gupta H, Fan L S. Reduction of nitric oxide from combustion flue gas by bituminous coal char in the presence of oxygen [J]. Ind Eng Chem Res, 2003, 42：2536-2543.

[20] Kong Y, Cha C Y. NO_x adsorption on char in presence of oxygen and moisture [J]. Carbon, 1996, 34：1027-1033.

[21] Suzuki T, Kyotani T, Tomita A. Study on the carbon-nitric oxide reaction in the presence of ox-

ygen [J]. Ind Eng Chem Res, 1994, 33: 2840-2845.

[22] Rodriguez-Mirasol J, Ooms A C, Pels J R, et al. 25th Symposium (International) on combustion papers NO and N_2O decomposition over coal char at fluidized-bed combustion conditions [J]. Combust Flame, 1994, 99: 499-507.

[23] Zhang G, Yamaguchi T, Kawakami H, et al. Selective reduction of nitric oxide over platinum catalysts in the presence of sulfur dioxide and excess oxygen [J]. Appl Catal B, 1992, 1: 15-20.

[24] Yamashita H, Yamada H, Tomita A. Reaction of nitric oxide with metal-loaded carbon in the presence of oxygen [J]. Appl Catal, 1991, 78: 1-6.

[25] Xia B, Phillips J, Chen C K, et al. Impact of pretreatments on the selectivity of carbon for NO_x adsorption/reaction [J]. Energy Fuels, 1999, 13: 903-906.

[26] Yamashita H, Tomita A, Yamada H, et al. Influence of char surface chemistry on the reduction of nitric oxide with chars [J]. Energy Fuels, 1993, 7: 85-89.

[27] Yang J, Mestl G, Herein D, et al. Reaction of NO with carbonaceous materials: 2. Effect of oxygen on the reaction of NO with ashless carbon black [J]. Carbon, 2000, 38: 729-740.

[28] Wenxia Y, Songgeng L, Chuigang F, et al. Effect of surface carbon-oxygen complexes during NO reduction by coal char [J]. Fuel, 2017, 204: 40-46.

[29] 王贲, 苏胜, 孙路石, 等. O_2/CO_2 气氛下 CO 对半焦异相还原 NO 影响的研究 [J]. 工程热物理学报, 2012, 33 (02): 336-338.

[30] 王贲, 苏胜, 孙路石, 等. O_2/CO_2 条件下半焦-NO 生成特性的实验研究 [J]. 煤炭学报, 2012, 37 (10): 1743-1748.

[31] 钟北京, 施卫伟, 傅维标. 煤和半焦还原 NO 的实验研究 [J]. 工程热物理学报, 2000, 3: 383-387.

[32] 郑守忠, 卢平. 再燃烧条件下半焦还原 NO 特性的研究 [J]. 热力发电, 2007, 10: 9-13.

[33] 苟湘, 周俊虎, 周志军, 等. 烟煤煤粉及热解产物对 NO 的还原特性实验研究 [J]. 中国电机工程学报, 2007, 23: 12-17.

[34] 刘忠, 阎维平, 高正阳, 等. 超细煤粉的细度对再燃还原 NO 的影响 [J]. 中国电机工程学报, 2003, 10: 204-208.

[35] 范卫东, 谢广录, 徐宾, 等. 炭黑对一氧化氮的吸附反应性 [J]. 化工学报, 2006, 10: 2337-2342.

[36] 刘银河, 刘艳华, 车得福, 等. 煤中灰分和钠催化剂对煤燃烧中氮释放的影响 [J]. 中国电机工程学报, 2005, 04: 138-143.

[37] 闫文霞. 半焦直接还原氮氧化物机理与实验研究 [D]. 北京: 中国科学院大学 (中国科学院过程工程研究所), 2017.

[38] Xu M, Li S, Wu Y, et al. Reduction of recycled NO over char during oxy-fuel fluidized bed combustion: Effects of operating parameters [J]. Applied Energy, 2017, 199: 310-322.

[39] Hai Z, Jiaxun L, Jun S, et al. Thermodynamic and kinetic evaluation of the reaction between NO (nitric oxide) and char (N) (char bound nitrogen) in coal combustion [J]. Energy, 2015, 82: 312-321.

［40］ Hai Z, Xiumin J, Jiaxun L, et al. New Insights into the Heterogeneous Reduction Reaction between NO and Char-Bound Nitrogen ［J］. Ind Eng Chem Res, 2014, 53 （15）: 6307 – 6315.

［41］ Yanhua L, Xiaoyan Z, Yinhe L, et al. NO reduction behavior of coal powder used for reburning ［J］. J Fuel Chem Technol, 2007, 35 （5）: 523-527.

［42］ Zhuozhi W, Rui S, Tamer M I, et al. Characterization of coal char surface behavior after a heterogeneous oxidative treatment ［J］. Fuel, 2017, 210: 154-164.

［43］ J. Adánez, A. Abad, T. Mendiara, et al. Chemical looping combustion of solid fuels ［J］. Progress in Energy and Combustion Science, 2018 （65）: 6-66.

［44］ Xiaoqing F, Chuigang F, Lin D, Wenli S, Weigang L, Songgeng L. Reduction of nitric oxidein flue gas by coal char ［J］. ［IESC］, 2014, 65: 2249-2255.

［45］ Song Y H, BeāR J M, Sarofim A F. Reduction of Nitric Oxide by Coal Char at Temperatures of 1250～1750 K ［J］. Combustion Science & Technology, 1981, 25 （5-6）: 237-240.

［46］ Xu M, Li S, Wu Y, et al. Reduction of recycled NO over char during oxy-fuel fluidized bed combustion: Effects of operating parameters ［J］. Apply Energy. 2017, 199 （Supplement C）: 310-322.

［47］ HG, Fan L S. Reduction of Nitric Oxide from Combustion Flue Gas by Bituminous Coal Char in the Presence of Oxygen ［J］. Ind Eng Chem Res, 2003, 42 （12）: 2536-2543.

［48］ Zhao Z, Li W, Li B. Study on the Mechanism of Oxygen on NO Reduction by char ［J］. Journal of China University of Mining & Technology, 2001, 30 （5）: 484-487.

［49］ Pevida C, Arenillas A, Rubiera F, et al. Heterogeneous reduction of nitric oxide on synthetic coal chars ［J］. Fuel, 2005, 84 （17）: 2275-2279.

［50］ DL, Calo J. The NO-Carbon Reaction: The Influence of Potassium and CO on Reactivity and Populations of Oxygen Surface Complexes ［J］. Fuel, 2007, 86 （12）: 1900-1907.

［51］ Li S, Wei X, Guo X. Effect of H_2O Vapor on NO Reduction by CO: Experimental and Kinetic Modeling Study ［J］. Energy Fuels, 2012, 26 （7）: 4277-4283.

［52］ Park D C, Day S J, Nelson P F. Nitrogen release during reaction of coal char with O_2, CO_2, and H_2O ［J］. Proceedings of the Combustion Institute, 2005, 30 （2）: 2169-2175.

［53］ Lv G, Lu J, Liu Z, et al. NO Reduction by Coal and Char at Different CO_2 Concentrations in Cement Precalciner ［J］. Journal of Combustion Science and Technology, 2012, 18 （1）: 50-55.

［54］ Dong L, Gao S, Song W, et al. Experimental study of NO reduction over biomass char ［J］. Fuel Process Technol, 2007, 88 （7）: 707-715.

［55］ 赵宗彬, 李文, 李保庆. 矿物质对半焦燃烧过程中 NO 释放规律的影响 ［J］. 化工学报, 2003 （01）: 100-106.

［56］ 周昊, 刘瑞鹏, 刘子豪, 等. 碱金属对焦炭燃烧过程中 NO_x 释放的影响 ［J］. 煤炭学报, 2015, 40 （05）: 1160-1164.

［57］ 信晶, 尹书剑, 孙保民, 等. 掺杂金属化合物强化半焦-NO 反应的析因试验研究 ［J］. 煤炭学报, 2015, 40 （05）: 1174-1180.

［58］唐浩，钟北京. 不同催化剂对脱矿煤半焦还原 NO 的催化能力比较［J］. 热能动力工程，2005，01：27-29，68-104.

［59］Zongbin Zhao , Jieshan Qiu, Wen Li, et al. Influence of mineral matter in coal on decomposition of NO over coal chars and emission of NO during char combustion［J］. Fuel, 2003, 82: 949-957.

［60］Wang C, Du Y, Che D. Investigation on the NO Reduction with Coal Char and High Concentration CO during Oxy-fuel Combustion［J］. Energy & Fuels, 2012, 26（12）: 7367-7377.

［61］Wang Z, Zhou J, Wen Z, et al. Effect of Mineral Matter on NO Reduction in Coal Reburning Process［J］. Energy & Fuels, 2007, 21（4）: 2038-2043.

［62］Zhang J W, Sun S Z, Zhao Y J, et al. Effects of inherent metals on NO reduction by coal char ［J］. Energ. Fuel, 2011, 25（12）: 5605-5610.

［63］Gong X, Guo Z, Wang Z. Variation of char structure during anthracite pyrolysis catalyzed by Fe_2O_3 and its influence on char combustion reactivity［J］. Energy Fuels, 2009, 23（9）: 4547-4552.

［64］Ning Yang, Jianglong Yu, Jinxiao Dou, et al. The effects of oxygen and metal oxide catalysts on the reduction reaction of NO with lignite char during combustion flue gas cleaning［J］. Fuel Process Technol, 2016, 152: 102-107.

［65］Xingxing C, Xiuping W, Zhiqiang W, et al. Investigation on NO reduction and CO formation over coal char and mixed iron power［J］. Fuel, 2019, 245: 52-64.

［66］Zongbin Zhao, Wen Li , Baoqing Li . Catalytic reduction of NO by coal chars loaded with Ca and Fe in various atmospheres［J］. Fuel, 2002, 81: 1559-1564.

［67］Xingyuan W, Qiang S, Zhao H, et al. Kinetic Modeling of inherent mineral catalyzed NO reduction by biomass char［J］. Environ Sci Technol, 2014, 48（7）: 4184-4190.

［68］Zhong B J, Tang H. Catalytic NO reduction at high temperature by de-ashed chars with catalysts［J］. Combustion & Flame, 2007, 149（1）: 234-243.

［69］Bueno L A, Caballero J A. Development of a Kinetic Model for the NO_x Reduction Process by Potassium-Containing Coal Pellets［J］. Environmental Science & Technology, 2002, 36（24）: 5447.

［70］H Chen, D Chen, L Hong, et al. Recycle sewage sludge char as flue gas De-NO_x catalyst within low temperature ranges［J］. Energy Procedia , 2015, 66 : 45-48.

［71］A Bueno-López, J A Caballero-Suárez, A García-García. Kinetic model for the NO_x reduction process by potassium containing coal char pellets at moderate temperature（350-450℃）in the presence of O_2 and H_2O［J］. Fuel Process Technol, 2006, 87: 429-436.

［72］M J Illan-Gomez, A Linares-Solano, C Salinas-Martinez de Lecea. NO reduction by activated carbon. 6. Catalysis by transition metals［J］. Energy Fuel, 1995, 9: 976-983.

［73］M V Castegnaro, A S Kilian, I M Baibich, et al. On the reactivity of carbon supported Pd nanoparticles during NO reduction: unraveling a metal-support redox interaction［J］. Langmuir, 2013, 29: 7125-7133.

[74] Ning Yang , Jianglong Yu, Jinxiao Dou , et al. The effects of oxygen and metal oxide catalysts on the reduction reaction of NO with lignite char during combustion flue gas cleaning [J]. Fuel Processing Technology, 2016, 152: 102-107.

[75] X D Wu, F Lin, D Weng, et al. Simultaneous removal of soot and NO overthermal stable Cu-Ce-Al mixed oxides [J]. Catal Commun, 2008, 9 : 2428-2432.

[76] R S Zhu, M X Guo, F Ouyang. Simultaneous removal of soot and NO_x over Ir-based catalysts in the presence of oxygen [J]. Catal Today, 2008, 139 : 146-151.

[77] X S Peng, H Lin, W F Shangguan, et al. A highly efficient and porous catalyst for simultaneous removal of NO_x and diesel soot [J]. Catal Commun, 2007, 8: 157-161.

[78] I Atribak, A Bueno-López, A García-García. Combined removal of diesel soot particulates and NO_x over CeO_2-ZrO_2 mixed oxides [J]. J Catal, 2008, 259: 123-132.

[79] I Atribak, I Such-Basáñez, A Bueno-López, et al. Comparison of the catalytic activity of MO_2 (M= Ti, Zr, Ce) for soot oxidation under NO_x/O_2 [J]. J Catal, 2007, 250: 75-84.

[80] J Liu, Z Zhao, C M Xu, et al. Simultaneous removal of NO_x and diesel soot over nanometer Ln-Na-Cu-O perovskite-like complex oxide catalysts [J]. Appl Catal B, 2008, 78: 61-72.

[81] Q Li, M Meng, F F Dai, et al. Multifunctional hydrotalcite-derived K/MnMgAlO catalysts used for soot combustion, NO_x storage and simultaneous soot-NO_x removal [J]. Chem Eng J, 2012, 184: 106-112.

[82] D Fino, N Russo, G Saracco, et al. Catalytic removal of NO_x and diesel soot over nanostructured spinel-type oxides [J]. J Catal, 2006, 242: 38-47.

[83] M Zawadzki, W Staszak, F E López-Suárez, et al. Preparation characterization and catalytic performance for soot oxidation of copper-containing $ZnAl_2O_4$ spinels [J]. Appl Catal A, 2009, 371 : 92-98.

[84] B Zhao, R J Wang, X X Yang. Simultaneous catalytic removal of NO_x and diesel soot particulates over $La_{1-x}Ce_xNiO_3$ perovskite oxide catalysts [J]. Catal Commun, 2009, 10 : 1029-1033.

[85] D Reichert, H Bockhorn, S Kureti. Study of the reaction of NO_x and soot on Fe_2O_3 catalyst in excess of O_2 [J]. Appl Catal B, 2008, 80: 248-259.

[86] S Kureti, W Weisweiler, K Hizbullah. Simultaneous conversion of nitrogen oxides and soot into nitrogen and carbon dioxide over iron containing oxide catalysts in diesel exhaust gas [J]. Appl Catal B, 2003, 43: 281-291.

[87] Z L Zhang, D Han, S J Wei, et al. Determination of active site densities and mechanisms for soot combustion with O_2 on Fe-doped CeO_2 mixed oxides [J]. J Catal , 2010, 276: 16-23.

[88] Li J, Wang S, Zhou L, et al. NO reduction by CO over a Fe-based catalyst in FCC regenerator conditions [J]. Chem Eng J, 2014, 255: 126-133.

[89] Gong X, Guo Z, Wang Z. Anthracite combustion catalyzed by Ca-Fe-Ce series catalyst [J]. Journal of Fuel Chemistry and Technology, 2009, 37 (4): 421-426.

[90] Jun C, Fan Z, Xiao X, et al. Cascade chain catalysis of coal combustion by Na-Fe-Ca composite promoters from industrial wastes [J]. Fuel, 2016, 181: 820-826.

［91］ Cheng X, Wang L, Wang Z, et al. Catalytic performance of NO reduction by CO over activated semicoke supported Fe/Co catalysts ［J］. Ind Eng Chem Res, 2016, 55 (50)：12710-12722.

［92］ Li J, Wang S, Zhou L, et al. NO reduction by CO over a Fe-based catalyst in FCC regenerator conditions ［J］. Chem Eng J, 2014, 255：126-133.

［93］ Jun C, Fan Z, Xiao X, et al. Comparison of the catalytic effect of eight industrial wastes rich in Na, Fe, Ca and Al on anthracite coal combustion ［J］. Fuel, 2017, 187：398-402.

［94］ Chong Z, Junxue Z. Investigation of iron-containing power on coal combustion behavior ［J］. J Energy Inst, 2017, 90 (5)：797-805.

［95］ 郑强, 边雪, 吴文远. 白云鄂博稀土尾矿的工艺矿物学研究 ［J］. 东北大学学报（自然科学版）, 2017, 38 (8)：1107-1111.

［96］ 林东鲁, 李春龙, 邬虎林. 白云鄂博特殊矿采选冶工艺攻关与技术进步 ［M］. 北京：冶金工业出版社, 2007：103-106.

［97］ Zhang B, Liu C J, Li C L, et al. A novel approach for recovery of rare earths and niobium from Bayan Obo tailings ［J］. Minerals Engineering, 2014, 65：17-23.

［98］ Kanazawa Y, Kamitani M. Rare earth minerals and resources in the world ［J］. Journal of Alloys and Compounds, 2006 (9)：1339-1343.

［99］ 张培善, 陶克捷. 白云鄂博矿物学 ［M］. 北京：科学出版社, 1986：7-18.

［100］ 张培善. 白云鄂博超大型稀土-铁-铌矿床矿物学研究 ［J］. 中国稀土学报, 1991, 9 (4)：350-353.

［101］ 段利平, 王文才, 沈茂森. 白云鄂博矿选铁尾矿中铌矿物的工艺矿物学研究 ［J］. 内蒙古科技大学学报, 2015, 34 (1)：9-12.

［102］ 陈杏捷, 倪文, 范敦城, 等. 白云鄂博铁矿石工艺矿物学研究 ［J］. 金属矿山, 2015, 5：109 -113.

［103］ Frandrich R, Gu Y, Burrows D, et al. Modern SEM-basedmineral liberation analysis ［J］. International Journal of Mineral Processing, 2007, 84：310- 320.

［104］ Gu Y. Automated scanning electron microscope based mineral liberation analysis ［J］. Journal of Minerals and Materials Characterization and Engineering, 2003, 2：33-41.

［105］ 张悦. 白云鄂博稀土尾矿多组分综合回收工艺及耦合工艺研究 ［D］. 北京：北京科技大学, 2016.

［106］ 池汝安, 王淀佐. 稀土矿物加工 ［M］. 北京：科学出版社, 2014.